Harry Dickens

Recuo do dilúvio de Noé como fator de propagação do fundo do mar

Harry Dickens

Recuo do dilúvio de Noé como fator de propagação do fundo do mar

Modelo de Cheias de Recuo e Alastramento (RTS)

ScienciaScripts

Conteúdo

RESUMO

Este livro defende que quase todo o registo geológico neoproterozóico e fanerozóico foi afetado de alguma forma pelo Dilúvio de Noé e pelas suas consequências. No entanto, o alastramento do fundo do mar, neste modelo proposto, é inferido como tendo começado no final do ano do Dilúvio real, sendo possibilitado pelas águas recuadas do Dilúvio.

O material deste documento foi baseado numa revisão da literatura existente. As descrições das formações em regiões-chave foram correlacionadas em ordem estratigráfica com as fases históricas evidentes no registo do livro do Génesis. Isto permitiu o desenvolvimento de um novo e inovador modelo bíblico de história geológica da Terra jovem, incluindo as fases de recuo das águas e de secagem do Ano do Dilúvio. Esta é uma visão diferente dos modelos anteriores do Dilúvio de Noé. Os meses de secagem registados em Génesis 8 estão aparentemente ausentes em muitos outros modelos, incluindo a tectónica de placas catastrófica, a hidroplaca, a zonação ecológica e a megasequência do nível do mar. As duas visões comuns do fim do Dilúvio (KPg e Cenozoico) aparentemente carecem deste fator bíblico, bem como da evidência geológica associada.

Num modelo do Ano do Dilúvio, proponho o seguinte. As fontes do grande abismo que irromperam no Dilúvio de Noé causaram a fragmentação do supercontinente neoproterozóico. Enormes quantidades de chuva erodiram a topografia continental e retiraram a vegetação da terra. Grande parte desta vegetação flutuou, pelo que não se encontram grandes depósitos de carvão nos estratos do Paleozoico inicial. Após o fecho das fontes, as águas recuaram. Os chamados "glaciares" do Paleozoico tardio do Gondwana representam, pelo contrário, uma época em que os detritos fluíam energicamente com as águas que recuavam e erodiam o subsolo cristalino numa série de regiões. As águas continuaram a recuar e, por isso, a vegetação pré-diluviana veio ao solo e ficou enterrada em garranchos que se formaram à medida que as zonas das fontes arrefeciam. Posteriormente, formaram-se grandes depósitos de carvão do Pérmico e do Carbonífero. O nível do mar no Fanerozoico atingiu um mínimo importante no final do Pérmico e mais terra emergiu. A secagem generalizou-se no Triásico, o que coincidiu com a desagregação inicial do supercontinente Pangeia.

A água do mar em recuo introduzida no topo do manto através de zonas fragmentadas por fontes reduziu drasticamente a temperatura de fusão e a viscosidade, o que levou à rutura de supercontinentes e à expansão dos fundos marinhos no Mesozoico e no Cenozoico. Os sedimentos de margens passivas apresentam pouca deformação durante a fase de deriva e, por isso, não são indicativos de processos cataclísmicos contínuos. No entanto, as margens activas, como as margens de colisão e de construção de montanhas, foram locais de processos catastróficos e regiões de grande escoamento de detritos para formar

sequências sedimentares espessas nos continentes.
PALAVRAS-CHAVE
Dilúvio de Noé, recuo das águas, "Idade do Gelo" do Paleozoico tardio, secagem, rutura, propagação do fundo do mar, Gondwana, Laurásia.

O AUTOR

Harry Dickens (pseudónimo) trabalha como geólogo sénior para um grupo de estudos de bacias num Serviço Geológico na Austrália. Tem mais de 35 anos de experiência profissional em exploração de petróleo e minerais. As suas qualificações são em geologia, geofísica e gemologia. Fez apresentações na América do Norte, Ásia, Reino Unido e em toda a Austrália. Harry escreveu artigos sobre a formação rápida de petróleo, geologia pré-cambriana, bem como sobre os efeitos geoquímicos e erosivos do Dilúvio de Noé. O material deste livro foi publicado pela primeira vez como parte dos Proceedings of the Ninth International Conference on Creationism, Cedarville University, Cedarville, Ohio, julho de 2023.

A tectónica de placas e a propagação do fundo do mar estão entre os processos geológicos mais significativos da Terra. No entanto, o seu surgimento e desenvolvimento permanecem atualmente por resolver (Sobolev e Brown 2019). Considero que é um testemunho vital ser capaz de fornecer um quadro bíblico sequencial global para a tectónica global que possa ser apoiado por informações geológicas e estratigráficas sequenciais.

Um modelo catastrófico de placas tectónicas (CPT) para o Dilúvio de Noé foi apresentado pelos criacionistas da Terra jovem (Austin et al. 1994; Baumgardner 1994). Esta foi uma tentativa pioneira de tentar ligar aspectos da geologia de uma forma concetual ou física teórica. No entanto, a sua principal limitação é a sua cobertura incompleta, numa ordem temporal clara, tanto da Escritura como da estratigrafia específica. A teoria das hidroplacas (HPT) (Brown 2008) é outra dessas teorias criacionistas teóricas. A "comprovação no terreno" através de estudos de caso regionais com formações geológicas específicas em ordem temporal sucessiva poderia melhorar a CPT ou a HPT.

O modelo proposto neste artigo tem estudos de caso geológicos em ordem temporal, estratigráfica e bíblica. Este documento propõe um quadro bíblico que pode explicar sucessivamente a origem de uma série de caraterísticas geológicas. Estas incluem sucessivas inconformidades regionais importantes, a chamada "Idade do Gelo" do Paleozoico tardio, floras de carvão contrastantes do Paleozoico e do pós-Paleozoico, paleodrenagem do Permiano e sedimentos em falta, a Brecha de Carvão do Triássico inicial, indicadores de aridez em estratos do Triássico e o início mesozóico da propagação do fundo do mar juntamente com margens passivas tectonicamente quiescentes associadas.

A. Conceitos anteriores

Em 1858, Antonio Snider-Pellegrini propôs que o movimento rápido e horizontal dos continentes ocorreu durante o Dilúvio de Noé. Snider-Pellegrini viu a evidência do encaixe dos continentes em ambos os lados do Oceano Atlântico (Snider-Pellegrini 1858). Posteriormente a Snider-Pellegrini, foi desenvolvida a teoria da tectónica de placas, mas sem referência à Bíblia. A tectónica de placas tem sido muito útil para explicar muitas caraterísticas da Terra atual.

A deriva continental foi definida como o movimento dos continentes em relação uns aos outros e mesmo em relação ao manto terrestre. O conceito de deriva continental tornou-se parte integrante da tectónica de placas, que descreve os movimentos tectónicos da superfície da Terra em geral, não só dos continentes, mas também da propagação dos fundos marinhos. No entanto, considera-se que as placas estão acopladas ao manto subjacente e à sua convecção (Bercovici, 2003). O movimento relativo dos continentes é uma caraterística marcante do desenvolvimento tectónico da Terra ao longo do Cenozoico e do Mesozoico e é omnipresente nas reconstruções de placas que abrangem estas eras (Torsvik e Cocks 2017; Torsvik 2020).

Compreender a progressão da propagação do fundo do mar é fundamental para reconstruir a paleogeografia da Terra com todas as suas implicações, desde as variações climáticas e do nível do mar até à topografia, orogenia e, nomeadamente, a história do campo magnético. Ainda não está claro como e quando esses supercontinentes se formariam e se romperiam e qual poderia ser a dinâmica típica que leva de uma manifestação de supercontinente para a próxima (Nance e Murphy 2018).

B. Tectónica de placas catastrófica (CPT)

O modelo da tectónica de placas catastrófica (CPT) para o Dilúvio de Noé (Austin et al. 1994; Baumgardner 1994, 2018; Clarey 2016), visa ligar uma variedade de aspectos da geologia de uma forma concetual ou física teórica. Este modelo utiliza modelação computacional e aspectos da moderna teoria da tectónica de placas. No entanto, a CPT não aborda claramente, por ordem temporal, as principais fases do Dilúvio de Noé registadas nas Escrituras. As formações que representam o recuo das águas do ano do Dilúvio e as fases de secagem parecem não ter sido consideradas numa sequência temporal específica no modelo CPT. Isto apesar de a duração destas fases ser da ordem dos 7 meses (Génesis 8:1-19). O impacto de 40 dias e noites de chuva (implicando uma enorme e global erosão da terra, fluxos de massa e subida do nível do mar) não é realçado em comparação com a subida do nível do mar pela elevação dos fundos oceânicos, deslocando a água do mar para os continentes. O papel convencional da tectónica de placas do fundo dos oceanos deslocando a água para os continentes na formação dos canais interiores do

Cretácico (como o Canal Interior Ocidental da América do Norte) não é discutido no modelo CPT.

O modelo físico teórico do CPT carece de estudos de caso ligados a sequências estratigráficas reais numa escala de profundidade total e à escala da bacia, por ordem temporal. A nomenclatura da coluna geológica (como sistemas, por exemplo, Sistema Criogénico e Erathem Cenozoico) não é aplicada a um estudo de caso regional, pelo que é difícil colocar muitas caraterísticas geológicas na sua ordem temporal ou fase correta no modelo CPT.

A subducção e a modelação matemática são fundamentais na CPT, mas falta a relação com a estratigrafia real mapeável em ordem temporal sucessiva. O modelo CPT apresenta uma subducção descontrolada e um retorno

causando a deposição de tsunamis nos continentes (Baumgardner 2018). No entanto, fora do Oceano Pacífico, as zonas de subducção parecem não existir. Um exemplo importante é a Antárctida. Não teria ocorrido aí qualquer subducção descontrolada, uma vez que não existem zonas de subducção no Oceano Antártico em redor da Antárctida, mas apenas centros de expansão.

A partir de anomalias de ondas sísmicas, pode-se inferir que as placas de litosfera desceram para o manto (van der Meer et al. 2018). No entanto, não tenho conhecimento de que quaisquer amostras diretas do fundo oceânico paleozoico tenham sido recuperadas de zonas de subducção. Este facto foi descrito por um grupo da CEJ como "realidade virtual em vez de realidade observacional" (Akridge et al. 2007). A idade conhecida do fundo oceânico é Mesozóica e Cenozóica (Seton et al. 2020).

Algumas caraterísticas geológicas mapeáveis significativas não estão integradas no modelo CPT, por exemplo, diamictitos, a Grande Inconformidade (contrastando com inconformidades de rutura continental posteriores de idades variáveis para diferentes oceanos), a inconformidade Mississippiana-Pennsylvanian e margens continentais passivas. A Grande Inconformidade pode ser considerada como a transição mais significativa em todo o registo rochoso (Peters et al. 2022). Trata-se de uma superfície de peneplanação globalmente reconhecida em rochas basais cristalinas duras, mas as provas da sua erosão profunda parecem carecer de uma explicação no modelo CPT.

C. Eventos de erosão superficial

Foi proposto que os eventos de erosão superficial permitiram o desenvolvimento da tectónica de placas na Terra. A acumulação de sedimentos nas bordas continentais e nas trincheiras proporcionou então a lubrificação para a estabilização da subducção e o desenvolvimento da tectónica de placas.

Supostos sedimentos "glaciais" neoproterozóicos foram inferidos para reduzir o atrito e permitir o movimento da placa (Sobolev e Brown 2019).

D. O chamado "recuo glaciar"

Em numerosas bacias do hemisfério sul, existe uma associação significativa no tempo e no espaço das chamadas margens de "recuo glaciar" ("deglaciação") com locais de rifting marcados por inconformidades entre o Carbonífero e o Permiano (Yeh e Shellnutt 2016). A deriva inicial dos continentes meridionais pode ter sido desencadeada pelo enfraquecimento da crosta devido às diferenças de peso e, por conseguinte, à diferença de tensão entre regiões adjacentes, juntamente com o ressalto isostático. O aumento da pressão dos fluidos teria permitido a ocorrência de falhas frágeis e o desenvolvimento de enxames de falhas. O ressalto da crosta teria induzido a fusão descompressiva e o afloramento de derretimentos derivados do manto ao longo de zonas de falhas pré-desenvolvidas, formando basaltos de inundação regionais (Yeh e Shellnutt 2016). O fluxo de fluidos nas zonas de falha altera a sua permeabilidade e pode contribuir para a atividade sísmica episódica, promovendo a geração de altas pressões de fluidos porosos e facilitando a formação de minerais secundários fracos (Menzies et al. 2016).

E. Introdução de água do mar no manto

Foi descrito um modelo de fluxo de retorno da água do mar para o manto, resultando na hidratação do manto, na rápida descida do nível do mar e no aparecimento de grandes massas de terra. A introdução de água do mar no manto teria diminuído drasticamente a temperatura de fusão e a viscosidade dos materiais do manto, o que teria ativado a convecção do manto para impulsionar as placas tectónicas (Maruyama e Liou 2005). Este cenário enquadra-se bem no modelo proposto de recuo das águas do Dilúvio de Noé que conduziu à propagação do fundo do mar.

As descrições da geologia regional são apresentadas nesta secção, derivadas de uma extensa revisão da literatura. No entanto, as evidências dos chamados "glaciares" do Paleozoico tardio são reinterpretadas a favor de fluxos de massa. A secção de discussão deste documento, que se segue à secção de geologia regional, fornece um quadro interpretativo para a geologia num modelo bíblico de Terra jovem proposto.

A. Fragmentação supercontinental e transgressão marinha global

1. Fragmentação e peneplanação neoproterozóicas

Diz-se que o Gondwana, a componente sul do supercontinente Pangea, incluiu a crosta continental da Austrália, Antárctica, Subcontinente Indiano, América do Sul e África, e que existiu até ao início da rutura e deriva continental (Torsvik e Cocks 2013) (Fig. 1). A fragmentação neoproterozóica do Gondwana Ocidental inclui a divisão do Cráton do Kalahari da África Austral do Cráton do Rio de la Plata do sudeste da América do Sul. Os grabens do Rift separaram os vários fragmentos cratónicos do Kalahari (Frimmel et al. 2011).

A evidência da fragmentação do Gondwana Oriental no Neoproterozóico é fornecida pela Zona de Falha de Darling na margem ocidental da Austrália (Dickens 2018). Essas evidências incluem a redefinição térmica para baixo das datas radiométricas em direção à zona de falha regional, alteração hidrotermal indicada pela petrografia mineral, tectonismo associado a diques máficos regionais, uma anomalia de condutividade magnetotelúrica (MT) indicando a presença de água nesta zona de falha regional e metamorfismo de alta temperatura associado à fragmentação do supercontinente (Dickens 2018). A Falha de Darling, com 1000 km de extensão, forma o limite oriental da Bacia de Perth contra o Cráton Yilgarn Arqueano. A Bacia de Perth (Fig. 2) é um semi-graben relativamente estreito, situado na margem continental ocidental do atual sudoeste da Austrália.

A Laurásia, a componente setentrional da Pangeia, era constituída pela América do Norte, Europa e Ásia (exceto a Ásia peninsular). Foi inferido que eventos episódicos de rifting nas margens da América do Norte no Neoproterozóico tardio registam a fragmentação do supercontinente (Bond et al. 1984; Hoffman 1989).

Os dados termocronológicos modernos indicam uma enorme exumação erosiva neoproterozóica mesmo de rochas cristalinas duras, por exemplo, quilómetros de erosão de granito e xisto e peneplanação (a Grande Inconformidade) no Grand Canyon (McDannell et al. 2022).

2. Transgressão marinha global do Paleozoico inicial

A subida global do nível do mar na megasequência de Sauk seguiu-se à rutura inicial do supercontinente (Ford e Golonka 2003). As provas da subida do nível do mar incluem uma sequência de formação ascendente observada nos estratos cambrianos, que foi interpretada como uma sucessão de aprofundamento em locais como os EUA, a Gronelândia, o Reino Unido, a Rússia, a Austrália, a Bolívia e o Gana (Morton 1984). A "transgressão marinha global ou mundial" é o descritor na literatura secular (Cook e Shergold 1984; Matthews e Cowie 1979).

Em todo o mundo, existe uma sucessão de águas profundas muito comummente reconhecida que sobe do Cambriano para os estratos Ordovicianos (ou seja, um conglomerado basal, depois ortoquartzito, depois arenitos glauconíticos, depois xistos marinhos e depois calcários (Ager 1973). Na América do Norte, a grande quantidade de carbonatos marinhos do Cambriano e do início do Ordovícico é conhecida como o "Grande Banco Americano" (Peters e Gaines 2012).

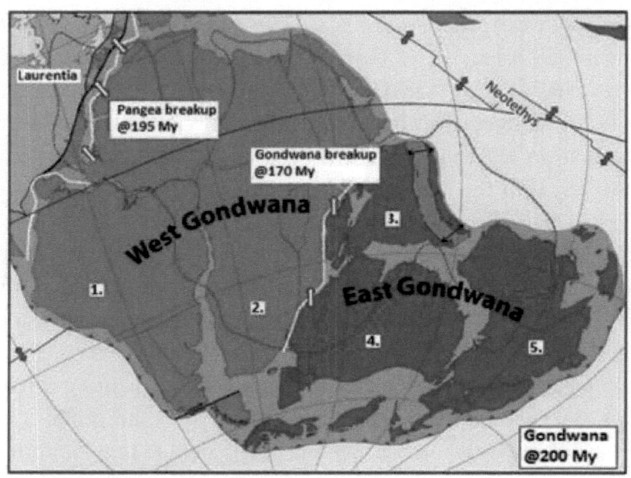

1. South America, 2. Africa, 3. India, 4. Antarctica, 5. Australia
1. América do Sul, 2. África, 3. Índia, 4. Antárctida, 5. Austrália
Figura 1. Gondwana no início do Jurássico (após Torsvik e Cocks 2013).

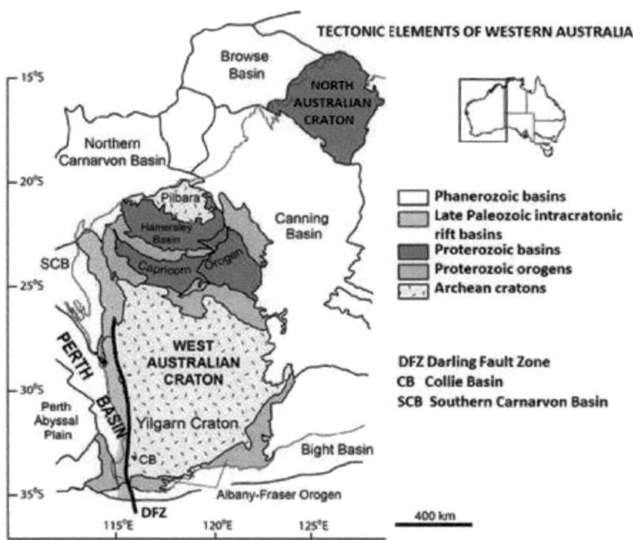

Figura 2. Mapa mostrando a configuração tectónica da Bacia de Perth do Gondwana Oriental (após Dillinger et al. 2018).

B. Regressão marinha do Paleozoico tardio

1. Leitos vermelhos da região Devoniana da Euramérica

O arenito vermelho antigo da Europa é muito semelhante aos leitos vermelhos de Catskill americanos. O Arenito Vermelho Antigo terá sido formado numa região com regressão marinha precoce de um mar epicontinental pouco profundo, associada à Orogenia Acadiana regional (Prothero e Dott 2010).

Os mares epeíricos do Paleozoico inferior e médio cobriram praticamente todo o cratão da América do Norte, exceto durante o episódio regressivo do Devónico inicial. A orogenia Acadiana foi a maior orogenia para o Cintura orogénica dos Apalaches. Grande parte do cratão estava então acima do nível do mar e estava a sofrer erosão (Prothero e Dott 2010).

Os depósitos de cunha clástica vermelha devoniana do leste da Gronelândia e do noroeste da Europa, tal como os do leste dos Estados Unidos, reflectem a rápida erosão das altas montanhas acadianas. Os sedimentos terão sido transportados em ambas as direcções a partir de uma única grande cadeia montanhosa (Prothero e Dott 2010). Estruturalmente, as duas margens do Oceano Atlântico Norte têm formas muito semelhantes. Com a abertura do Oceano Atlântico Norte, a partir do Jurássico, estas duas áreas foram separadas.

2. Carbonífero médio a. Global

Em todo o mundo, a maioria dos depósitos do Mississipiano são tipificados por sequências espessas de calcário marinho (Prothero e Dott 2010). Nas sequências cratónicas de todos os grandes continentes, existe uma inconformidade proeminente e bem delimitada do Médio Carbonífero (Blake e Beuthin 2008; Dyer et al. 2015; Hallam 1992). Foi inferido que esta inconformidade foi estabelecida simultaneamente na América do Norte, Norte de África, Europa, Urais, Turquia, Uzbequistão, China e Austrália (Lucien 2014, Saunders e Ramsbottom 1986). A inconformidade do Meio Carbonífero também é encontrada na América do Sul (Spalletti et al. 2010).

As evidências estratigráficas das sucessões de plataformas e bacias do Carbónico Médio em várias partes do mundo indicam uma grande regressão marinha (Lucien 2014, Ross e Ross 1988). As regressões são inferidas a partir da carstificação, hiatos sedimentares erosivos e outros sinais de dessecação. Um paleorrelevo cársico espetacular de até 100 m é reconhecível no Norte de África (Hallam 1992).

b. Laurásia

A inconformidade do Carbonífero Médio coincide com o fim da sequência cratónica Kaskasia de Sloss (Saunders e Ramsbottom 1986; Sloss 1964). Na América do Norte, marca a fronteira entre o Mississipiano e o Pensilvaniano (Hallam 1992).

Nos Estados Unidos, o Carbónico médio é marcado por um conjunto de caraterísticas paleocársticas (Silvestru 2000). O calcário Redwall do Mississippian no Grand Canyon é notável pelas suas caraterísticas cársicas, incluindo grutas. Um sistema de paleovalley do Carbónico Médio foi inferido como tendo sido incisado nos Apalaches centrais, drenando grandes áreas do cratão emergente da América do Norte (Blake e Beuthin 2008).

Na América do Norte, os estratos carbonatados do Mississipiano representam uma transição das condições marinhas do Paleozoico Médio para as condições mais não marinhas do Pensilvaniano e do Permiano. No final do Mississipiano, uma grande regressão drenou o cratão. No final do Permiano, praticamente todo o continente norte-americano foi inferido como tendo estado acima do nível do mar, e grandes volumes de sedimentos clásticos do Pensilvânico e do Permiano foram depositados (Prothero e Dott 2010).

c. Gondwana

O levantamento e a exumação do planalto da Antárctica Oriental, em meados do Carbonífero, foram inferidos como tendo conduzido à "glaciação" e, na sequência disso, diz-se que a região se tornou o foco do fluxo de sedimentos "pós-glaciais" do Permiano no Gondwana Oriental (Veevers 2009). Uma interpretação alternativa é que o Gondwana Oriental já era uma área de planalto e que o recuo das águas de uma regressão marinha causou exumação na Antárctida Oriental, juntamente com caraterísticas de fluxo de massa, a que se seguiu uma sedimentação menos energética. A queda do nível do mar associada à inconformidade do Carbónico Médio foi interpretada como estando relacionada com o início de uma grande fase de "glaciação" em Gondwana (Veevers e Powell 1987). Os episódios "glaciais" do

Paleozoico tardio no Gondwana reflectem-se em sequências deposicionais transgressivas-regressivas, incluindo ciclotemas, na Euramérica (Veevers e Powell 1987). A Euramérica, também conhecida como Laurásia, é comummente considerada como um continente que incorporou a América do Norte, a Gronelândia e a Europa.

As evidências de grandes "camadas de gelo" do Paleozoico tardio de Gondwanan foram inferidas como confinadas ao intervalo de tempo do Carbonífero tardio ao Permiano inicial (Frakes 1979). O "derretimento do gelo" final no Pérmico Médio deveria ter causado um aumento comparativamente importante do nível do mar, o que não é evidente no registo estratigráfico. O Permiano Superior foi inferido como sendo uma época de nível do mar relativamente baixo, especialmente no final (Hallam 1992). Assim, é razoável concluir que o degelo glacial não esteve envolvido. O Permiano final foi inferido como tendo tido o nível do mar mais baixo do Paleozoico e mesmo de todo o Fanerozoico (Golonka e Kiessling 2002; Hallam 1992; Haq e Schutter 2008).

3. Fácies do Paleozoico Superior

Os depósitos lacustres foram inferidos em estratos carboníferos da Bacia Panganzo da Argentina, no Arenito Weber do Colorado, em Mazon Creek da Bacia do Illinois, juntamente com os Grupos Dunkard, Monongahela e Conemaugh da Bacia dos Apalaches, na Série Pennant do País de Gales do Sul e em numerosos outros locais noutras partes do mundo. Os depósitos lacustres foram inferidos em estratos permianos das bacias Rotliegende da Europa, da Bacia Karoo da África do Sul, da formação Mackellar da Antárctida, do noroeste da China, do xisto Speiser do Kansas e de outros locais (Park e Gierlowski-Kordesch 2005).

Depósitos fluviais do Paleozoico tardio foram inferidos em estratos como a Formação Carbonífera Enrage e a Formação Shepody de New Brunswick (Cant 1982), a Formação Carbonífera Port Hood de Nova Scotia (Gersib e McCabe 1981) e o arenito Cook do Permiano da Bacia Midland, Texas (Cant 1982); Permiano do sudoeste da Austrália (Freeman 2001); bacias carboníferas da Europa, como as bacias do Sarre-Lorena, da Alta Silésia e da Penarroya (Oplustil et al. 2022).

Uma queda acelerada do nível do mar no Permiano Superior foi inferida com base na distribuição de fácies marinhas e não marinhas em intervalos de tempo sucessivos em todo o mundo (Hallam 1992; Holser e Magaritz 1987). A exposição subaérea estabelece a realidade da queda do nível do mar. Os leitos vermelhos são a marca registada dos estratos do Permiano e do Triássico nos cinco continentes (Prothero e Dott 2010).

C. A "Idade do Gelo" do Paleozoico Final (LPIA)

A partir do Carbonífero Médio, o "gelo" terá expandido-se pela América do Sul, África Austral e Austrália e, no início do Pensilvaniano Médio, pela África Austral, Omã e Arábia. Uma expansão maciça de "gelo" terá ocorrido na fronteira entre o

Pennsylvanian e o Permiano, com a "glaciação" a tornar-se bipolar nessa altura. Os "lençóis de gelo" foram inferidos como tendo atingido a sua extensão máxima durante o início do Permiano, após o que decaíram rapidamente em grande parte do Gondwana (Fielding et al. 2008). No entanto, tem sido questionado porque é que o Gondwana não teve eventos "glaciares" extensos ao longo do Paleozoico, uma vez que se inferiu que o Gondwana esteve sobre o Pólo Sul desde o Neoproterozóico até ao início do Triásico. A procura secular da "arma fumegante" da glaciação continental, particularmente a chamada "Idade do Gelo" do Paleozoico tardio, continua a ser ilusória (Blakey 2008).

Uma caraterística dos estratos carboníferos permo-pennsylvanianos, especialmente na América do Norte e na Europa, é a ocorrência de numerosas sequências repetitivas conhecidas como ciclotemas. Os ciclotemas são sucessões cíclicas de carbonato, carvão e fácies clásticas. A sua origem tem sido proposta como sendo o resultado de repetidas transgressões e regressões de água, submersão e emergência de terra, e mesmo devido ao aumento e diminuição dos chamados "lençóis de gelo" de Gondwanan, causando flutuações eustáticas do nível do mar (Merriam 2005). Este último é um registo de campo distante do hemisfério sul que afecta o hemisfério norte. O tempo estimado dos depósitos ciclotémicos mais conhecidos na Euramérica e o sedimento "glacigénico" mais espesso no Gondwana coincidem (Fielding et al. 2008). No entanto, se os ciclotemas do Paleozoico Tardio na América do Norte e na Europa foram causados pelo aumento e diminuição dos glaciares do Gondwana, as flutuações do nível do mar associadas teriam sido de escala global. Assim, os depósitos marinhos rasos e marginais contemporâneos no Gondwana também teriam sido afectados. A ausência de ciclotemas do Gondwana indica que as "camadas de gelo" do Gondwana podem ser excluídas como a única causa dos ciclotemas (Isbell et al. 2003).

D. Transporte radial de sedimentos da Antárctida

Durante o Permiano e o Triássico, a sequência de Gondwana da Índia, Austrália e sudeste de África, e um equivalente a montante na Antárctida Oriental costeira, foi depositada num leque aluvial de 7.500 km de largura que irradiou através de 180° de arco a partir de um planalto inferido na Antárctida Oriental (Veevers et al. 1994) (Fig. 3). O leque de outwash estendia-se em direção à borda continental norte da Gondwanaland, que se situava no norte da Grande Índia e no noroeste da Austrália. Estudos de proveniência de zircão detrítico de diamictitos "glaciais" do Permo-Carbonífero em todo o Gondwana confirmam o transporte de sedimentos por milhares de quilômetros da Antártica (Craddock et al. 2019).

As reconstruções paleogeográficas do Permiano para a margem ocidental da Austrália há muito que enfatizam o transporte dominante de sedimentos para norte ao longo dos eixos das bacias de rift do Paleozoico tardio (Fig. 2) (Haig et al. 2014). Isto é apoiado pelo movimento direcionado para norte que irradiou do planalto de Gamburtsev na Antárctida durante a "Idade do Gelo" do Paleozoico Superior (Veevers 2006) (Fig. 3).

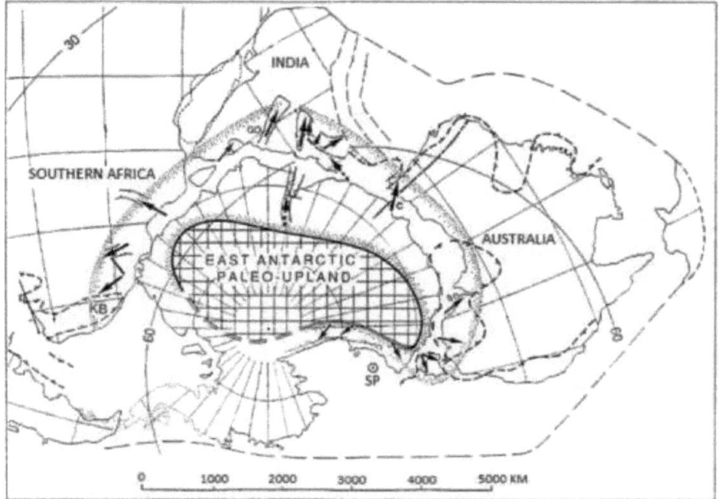

Figura 3. Uma reconstrução da Pangeia meridional do Pérmico Inferior (i.e. Gondwana) com drenagem radial de uma paleo-terra na Antárctida Oriental para norte até áreas que incluem o sudoeste da Austrália (figura segundo Tewari e Veevers 1991). As setas indicam o azimute do transporte de sedimentos do Permiano e do Triássico. Esta área de planalto pode ter sido a fonte da flora do Permiano que mais tarde formou medidas de carvão.
A área de paleoplano da Antárctica Oriental pode também ter sido o local de um alto geoide a partir do qual a rutura do supercontinente e a subsequente dispersão foram impulsionadas pela migração dos continentes meridionais para baixos geóides (Gurnis 1988).

Veevers et al. (2008) propuseram um sistema de transporte transcontinental fanerozóico da Antárctida para a Austrália com base numa assinatura de idade de zircão detrítico distintiva, dominada por idades de 700-500 My, que é generalizada no Gondwana através do Fanerozoico. Os estudos de paleocorrentes (Tewari e Veevers 1991) também indicam a direção do fluxo a partir da Antárctida (Fig. 3).

As sucessões de enchimento das bacias de Gondwana mostram fases triplas consistentes de estratos de granulação grosseira mais baixa (representados por diamictitos de fluxo de massa e conglomerados mal classificados), sobrepostos por xistos que, por sua vez, são sucedidos por arenitos deltaicos e fluviais marinhos pouco profundos e geralmente contendo carvão. (Eyles et al. 2002). No norte da Bacia de Perth, por exemplo, o diamictito da Formação Nangetty é sobreposto pelo Xisto Holmwood e pelas Medidas de Carvão do Rio Irwin (Fig. 4). A Formação Nangetty ocorre numa grande inconformidade erosiva sobre um embasamento cristalino estriado do Pré-Cambriano. Esta formação contém pedras e pedregulhos (até 6 m de diâmetro). Os calhaus e seixos apresentam facetas e estrias, e encontram-se dispersos em leitos arenosos de silte e xisto (Mory et al. 2005).

De acordo com Eyles et al. (2002), a chamada "glaciação" acompanhou a formação de graben no sudoeste da Austrália, começando no Carbonífero. Este complexo de graben percorreu a margem ocidental tectonicamente ativa do sudoeste da Austrália (Norvick 2004). Os chamados sedimentos "glaciais" incluem a Formação Mosswood na calha de Bunbury, a Formação Shotts da sub-bacia de Collie e a Formação Nangetty do norte da Bacia de Perth (Fig. 4).

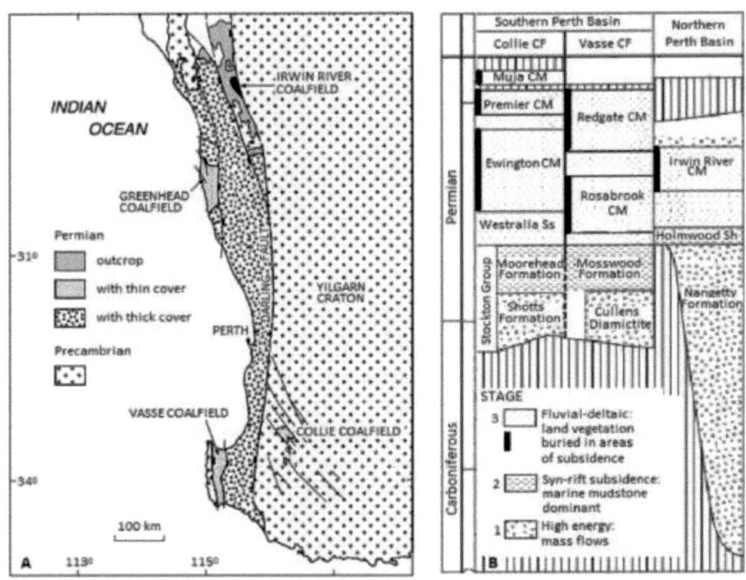

Figura 4. Bacia de Perth, sudoeste da Austrália.
A: Mapa com a localização das bacias carboníferas do Permiano (segundo Le Blanc Smith e Mory 1995).
B: Coluna litoestratigráfica do Permo-Carbonífero (segundo Mory et al. 2008).

E. Drenagem do Paleozoico tardio e sedimentos em falta

Há evidências de drenagem do Paleozoico tardio em várias partes do Gondwana. Na bacia carbonífera de Witibank, na África do Sul, os paleovalleys nas camadas de carvão do Permiano têm até 5 km de extensão lateral (Cairncross et al. 1988). Os paleovales do Paleozoico tardio na América do Sul repousam de forma não conforme no embasamento pré-cambriano e não têm qualquer evidência de deposição influenciada pela glaciação (Fedorchuk et al. 2019).

Foi inferido que o transporte de detritos para oeste ocorreu através de vales "glaciais" no cratão de Yilgarn e depositados na margem ocidental da Austrália (Norvick 2004). Os vales (agora paleovales) formaram-se no cratão devido à drenagem de água em direção ao oceano. A Figura 5 mostra o exemplo do sistema de paleodrenagem do rio Avon no sudoeste da Austrália, com os seus muitos paleovales grandes e extensos (centenas de quilómetros de comprimento) que, nas zonas semi-áridas actuais, contêm lagos salgados. Estes vastos vales atravessam rochas cristalinas do Cratão Yilgarn do Arqueano. Este sistema foi inferido como tendo sido iniciado no Permiano (Freeman 2001). Este sistema de drenagem pode ter estado ativo no período do Permiano Superior, quando o nível do mar era baixo (Schopf 1974; Hallam 1992).

Os paleovales no sudoeste da Austrália têm uma forma distintamente diferente, em secção transversal, dos vales incisos por glaciares (Fig. 6). A maioria dos paleovales no Cratão Yilgarn do sudoeste da Austrália não tem as paredes laterais íngremes e o vale em forma de U (secção transversal superior) que normalmente se espera de um vale esculpido por um glaciar (secção transversal inferior). Os vales inseridos têm geralmente menos de um quilómetro de largura e ocupam uma pequena proporção dos vales primários amplos e planos. Estão completamente escondidos e devem ser encontrados com métodos geofísicos utilizando a diferença de propriedades gravitacionais ou eléctricas com a rocha circundante (Braimridge e Commander 2005).

Diz-se que a "glaciação" do Permo-Carbonífero foi o acontecimento geomórfico mais significativo no Cratão de Yilgarn que conduziu a sistemas de paleodrenagem, e que foi seguido por enchimentos repetidos subsequentes no Terciário (Finkl e Fairbridge 1979).

A evidência de uma significativa erosão terrestre do Paleozoico tardio no vasto Cratão Yilgarn da Austrália Ocidental (Thomas 2014) levanta a questão do eventual local de deposição destes volumes de detritos (Sircombe e Freeman 1999). No entanto, até à data, não há provas conhecidas do local para onde foi o enorme volume de sedimentos erodidos.

Foram utilizados vários métodos para estimar a espessura dos sedimentos erodidos. Estes métodos incluem a classificação do carvão (Lowry 1976), a reflectância da vitrinite (Le Blanc Smith 1993) e a modelação térmica baseada em dados de traços de fissão de apatite (Olierook et al. 2019). Estas estimativas de
A espessura da erosão variou até vários quilómetros.

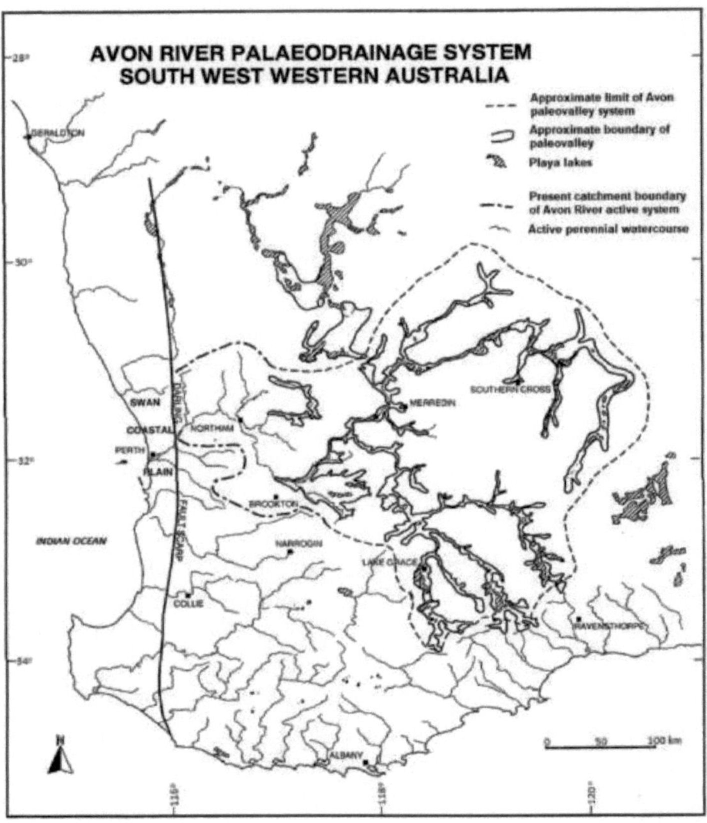

Figura 5. Sistema de paleodrenagem do rio Avon, sudoeste da Austrália (segundo Freeman 2001).

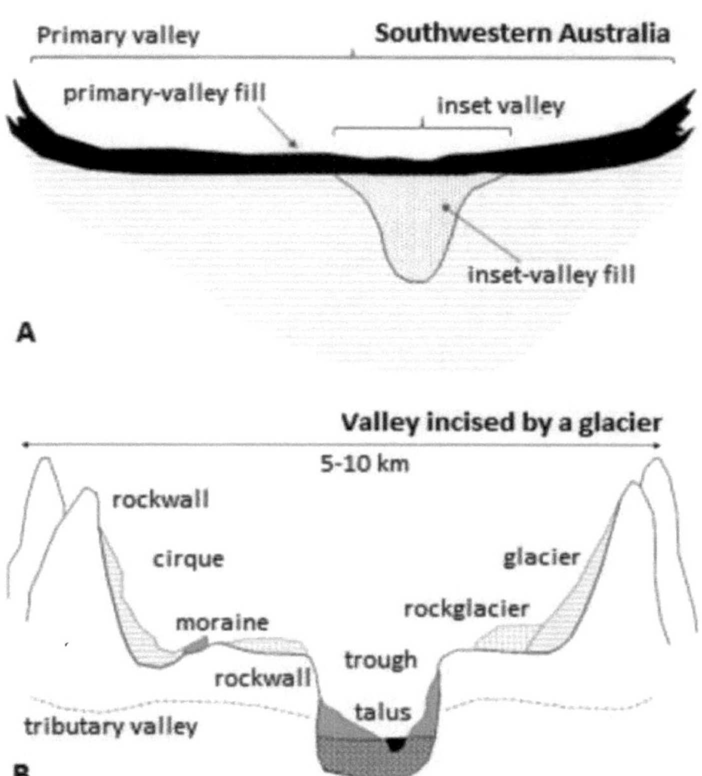

Figura 6. Representação de uma secção transversal de paleovales no (a) sudoeste da Austrália em comparação com (b) um vale incisado por um glaciar (segundo Heilbronn et al. 2018).

F. Depósitos de carvão do Paleozoico tardio

Os principais depósitos de carvão encontram-se em estratos desde o Carbonífero Médio até ao Permiano Final, bem como do Triássico Final ao Cenozoico. É um facto notável que ainda não foi descoberta nenhuma jazida de carvão nos estratos do Triássico Inferior (daí o termo "Lacuna de Carvão") (Fig. 7) e as jazidas de carvão nos estratos do Triássico Médio são escassas e finas (Retallack et al. 1996).

Durante a passagem da chamada "Idade do Gelo" do Paleozoico Tardio, começaram a formar-se depósitos de carvão espessos e geograficamente extensos (Gastaldo et al. 2020). No hemisfério norte, encontra-se uma vasta cadeia de grandes jazidas de carvão de idade carbonífera. Estende-se desde o leste da América do Norte, passando pela Europa, pela Federação Russa e pelo sul da China (Fig. 7). Além disso, uma cadeia de jazidas de carvão do Permiano encontra-se nos continentes mais meridionais (ou Gondwanan) - Austrália, Índia, África Austral, América do Sul e Antárctida (Shao et al. 2020) (Figs. 7 e 8).

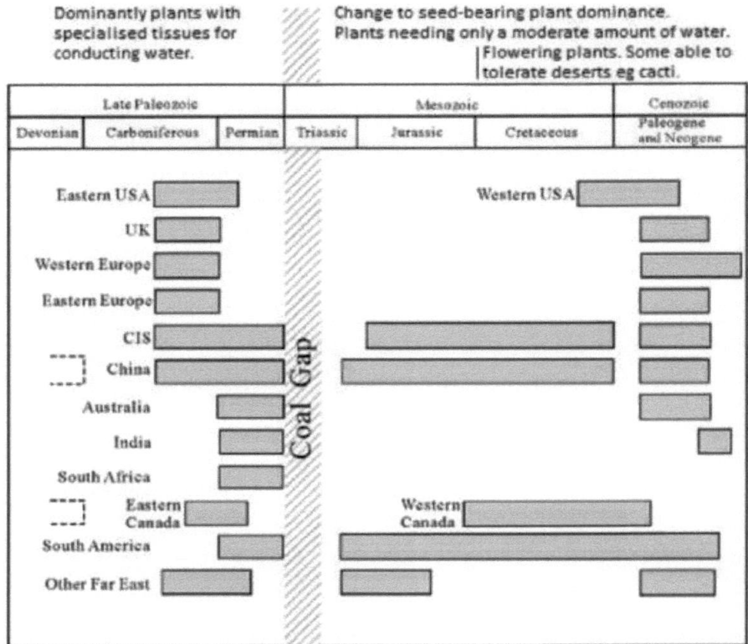

Figura 7. Distribuição global dos principais depósitos de carvão (segundo Shao et al. 2020) com tendências gerais nas plantas de acordo com a sua utilização da água. Em todo o mundo, os depósitos de carvão estão ausentes nos estratos do Triássico Inferior (o "Coal Gap") e do Paleozoico Inferior. As plantas pós-paleozóicas são predominantemente plantas que necessitam de menos água, em comparação com as plantas que eram dominantes no Paleozoico.

Um volume maciço de detritos orgânicos foi depositado e subsequentemente enterrado nos estratos carbonífero-permianos. Extensas bacias foreland e cratónicas, formadas em associação com o tectonismo Pensilvaniano-Permiano, garantiram a subsidência necessária para a preservação a longo prazo da matéria orgânica enterrada (Nelsen et al. 2016).

As bacias carboníferas paleozóicas da China foram deduzidas como sendo principalmente grandes bacias marítimas epicontinentais. O mar pouco profundo foi o ambiente sedimentar mais importante para a formação de carvão. Os sistemas de delta costeiro e de costa delta-detrital foram importantes ambientes sedimentares formadores de carvão no Paleozoico tardio. (Li et al. 2018). Estes depósitos deltaicos albergam grande parte das reservas mundiais de carvão. O mapeamento detalhado dos incrementos de sedimentos entre os horizontes de marcadores de carvão Pensilvaniano regionalmente difundidos na bacia de Illinois mostra corpos de areia radiantes semelhantes aos do delta moderno do Mississippi (Selley 1988).

Existem numerosos registos publicados que fornecem provas de paleocombustões a partir do Paleozoico Superior (Jasper et al. 2021). Muitos carvões do Permiano são muito ricos em macerais, como a inertinite e a fusinite submaceral, que se pensa ser carvão vegetal resultante da queima de matéria vegetal seca (Retallack et al. 1996). Estas provas de incêndios foram descritas em locais como a Austrália (Vajda et al. 2020), a China (Cai et al. 2021) e o Brasil (Benicio et al. 2019). Foi argumentado que as erupções e intrusões vulcânicas das Armadilhas Siberianas queimaram grandes volumes de uma combinação de carvão e vegetação (Elkins-Tanton et al. 2020). As provas da combustão de carvão incluem a presença de camadas de cinzas volantes de carvão e de cenosferas (esferas minerais ocas encontradas como subproduto da combustão de carvão em centrais térmicas) na fronteira do final do Pérmico no Ártico canadiano (Grasby et al. 2011). Considerou-se que a ejeção de cinzas de carvão queimado para a atmosfera a partir da Sibéria foi transportada pelas correntes de ar globais para locais como o Canadá Ártico (Elkins-Tanton et al. 2020). Existe muita literatura que associa o vulcanismo das Armadilhas Siberianas à extinção em massa do final do Pérmico, que é amplamente considerada como a maior extinção em massa de formas de vida no registo geológico.

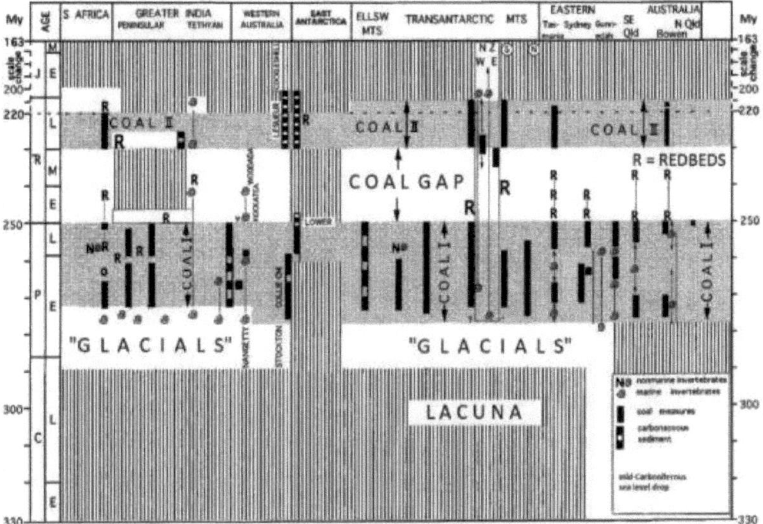

Figura 8. Calendário dos ambientes do Carbonífero ao Jurássico da Antárctica, África do Sul, Grande Índia e Austrália do Gondwana. A lacuna, ou ausência de deposição sedimentar, indica um período de erosão. Isto é consistente com o início da erosão num paleoplano da Antárctida Oriental (Tewari e Veevers 1991), seguido pela deposição de diamictitos ("glaciares") nas bacias de Gondwana. A deposição das primeiras medidas de carvão (Carvão I) ocorreu quando o nível do mar desceu para o mínimo do final do Pérmico (Hallam 1984). Posteriormente, há o Coal Gap do Triássico Inicial e a ocorrência de redbeds do Triássico. O pigmento vermelho substituiu o preto na mudança bruta de ambiente e biota no limite Permiano-Triássico (após Veevers e Tewari 1995).

Os sedimentos carboníferos do Permiano da Bacia de Perth são considerados como fazendo parte de um grande leque aluvial, que faz fronteira com as terras altas da Antárctida (Tewarri e Veevers 1991) (Fig. 3). O carvão foi depositado numa planície terrestre, que no sudoeste da Austrália drenou em direção a norte-noroeste (Wilson 1990). As direcções de acamamento em arenitos transversais das Medidas de Carvão Collie indicam que as paleocorrentes, e portanto o transporte de sedimentos, foram quase exclusivamente do sul. Esta direção é consistente em toda a área e ao longo da sequência, e sugere que a atual Bacia do Collie é um remanescente de uma área de sedimentação muito maior (Wilde e Walker 1977). Um mapa e uma secção transversal através da Bacia Collie são mostrados na Fig. 9.

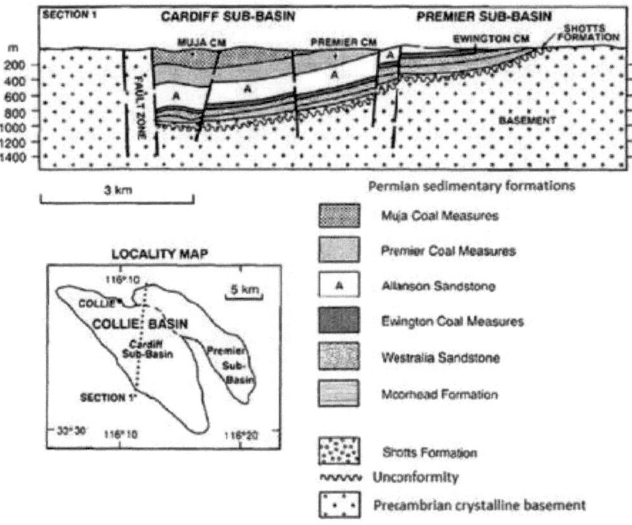

Figura 9. Mapa e secção transversal através da Bacia de Collie, que é um outlier da Bacia de Perth (segundo Le Blanc Smith 1993).

G. Secagem triássica

Extensivamente documentado na literatura geocientífica está o ponto de vista de que houve um período de secagem pelo menos desde o final do Permiano e Triássico, particularmente em locais do interior do continente. No Permo-Triássico, deduziu-se que a área terrestre se tornou maior e que o clima geral se tornou mais quente e seco. O Triássico inicial a médio corresponde a um nível baixo do mar de primeira ordem durante o Mesozoico e à época da máxima emergência continental (Ford e Golonka 2003). A secagem é atestada por indicadores litológicos, paleogeográficos e florais.

1. Litologias

Depósitos clásticos terrestres com evaporitos e leitos vermelhos são comuns nos estratos Triássicos. Estes tipos de sedimentos ocorrem na América do Sul, Europa Ocidental, sudoeste dos EUA, Canadá marítimo, noroeste de África e África do Sul. As bacias de fendas desenvolveram-se na região central e norte do Atlântico (Ford e Golonka 2003). A ocorrência nos estratos triássicos de calcrete, gesso, anidrite, laterite, bauxite, leitos vermelhos, depósitos lacustres e depósitos aluviais são, em conjunto, indicadores litológicos de ambientes deposicionais não marinhos secantes (Chumakov e Zharkov 2003).

O betão é uma camada endurecida rica em cálcio num solo ou sobre um solo. Forma-se atualmente em materiais calcários como resultado de flutuações climáticas em regiões áridas e semiáridas. A calcite é dissolvida nas águas subterrâneas e, em condições de secagem, precipita-se à medida que a água se evapora à superfície (Brittanica. Calcrete). Atualmente, as paisagens áridas do interior da Austrália têm calcrete (Chen et al. 2002).

O sulfato de cálcio sedimentar, vulgarmente conhecido como gesso, encontra-se na natureza sob diferentes formas, principalmente como di-hidrato ($CaSO_{4}.2H_2O$) e anidrite ($CaSO_4$). São produtos da evaporação parcial ou total dos mares e lagos interiores (Karni e Karni 1995). Recolhi cristais de gesso perto da superfície de modernos lagos salgados secos na região semi-árida de Eastern Goldfields, na Austrália Ocidental.

A laterite é um produto de meteorização subaéreo, rico em ferro, que se crê normalmente desenvolver-se como resultado de uma alteração intensa do substrato in situ. Compreende um subconjunto importante de uma gama mais alargada de produtos de meteorização ferruginosos e aluminosos relacionados (isto é, bauxíticos). As laterites devem as suas principais caraterísticas de composição ao enriquecimento relativo do ferro (e frequentemente do alumínio) e dos outros constituintes menos móveis da rocha-mãe. Este enriquecimento ocorre em condições de meteorização agressivas, em consequência da maior mobilidade e, por conseguinte, da perda de sílica, álcalis e alcalino-terrosos constituintes (Widdowson 2009).

As condições físico-químicas diagenéticas reflectem o regime climático. Nas zonas áridas e semi-áridas, a baixa precipitação anual cria um ambiente globalmente oxidante, no qual a magnetite detrítica é substituída por hematite de cor vermelha e a hematite permanece inalterada. Os leitos vermelhos são notáveis nos estratos triássicos de Gondwanan (Fig. 8).

2. Paleogeografia

A mudança síncrona mundial de rios meandrantes para rios entrançados de alta energia, juntamente com a expansão de leques aluviais na transição Permiano-Triássico foi documentada (por exemplo, na Rússia, na Bacia de Karoo e na Austrália). Esta mudança no estilo fluvial é consistente com a transição para a aridez e o desperdício de massa do Triássico, e ocorre num contexto de regressão marinha global (Valentine e Moores 1970). Além disso, o isótopo de oxigénio do carbonato do solo (S^{18} O), o isótopo de carbono (S^{13} C) e as assinaturas geoquímicas da intensidade da meteorização fornecem provas de um padrão consistente de ambientes em deterioração (Zhu et al. 2019).

As bacias lacustres podem ser reconhecidas pela sua morfologia, geralmente sedimentos de grão fino, juntamente com a ausência de faunas marinhas (Picard e High 1972; Selley 1978). Os fósseis de bacias lacustres podem, em vez disso, incluir bivalves de água doce e algas de água doce (Hallam 1981). As fácies orgânicas e a geoquímica também fornecem evidências de sedimentos lacustres (Michaelsen e McKirdy 1989).

O alargamento sucessivo das cinturas áridas e semi-áridas do Triásico de um supercontinente foi inferido a partir de litologias e flora (Chumakov e Zharkov 2003). As condições de secura são indicadas pela maior extensão paleolatitudinal dos depósitos de evaporitos no Triássico em comparação com os estratos do Permiano (Retallack et al. 1996). Os evaporitos sedimentares são rochas precipitadas a partir de salmouras saturadas superficiais ou próximas da superfície por hidrologias impulsionadas pela evaporação solar (Warren 2006).

3. Flora

O início da Fenda do Carvão no limite Permiano-Triássico foi uma época de nível do mar extraordinariamente baixo, conforme determinado tanto pela estratigrafia da sequência como pela percentagem de cobertura sedimentar marinha (Hallam 1984; Haq e Schutter 2008; Peters 2011). A área de habitat da plataforma marinha foi reduzida e surgiu uma grande área de terra. Esta incluía uma enorme terra interior com um clima extremo e árido, onde muitas espécies de plantas que podiam resistir ao calor e à aridez se tornaram mais prevalecentes (Chumakov e Zharkov 2003).

A proporção de tipos de plantas enterradas nos estratos pós-paleozóicos é muito diferente das do Paleozoico. As plantas pós-paleozóicas são predominantemente plantas que necessitam de menos água, em comparação com as plantas que eram dominantes nos estratos paleozóicos (Fig. 7). As gimnospérmicas dominaram, incluindo muitas formas diferentes de coníferas. Além disso, as floras de origem dos carvões cenozóicos, ricas em madeira, dominadas por coníferas e angiospérmicas, diferem radicalmente das floras maioritariamente não lenhosas do Carbonífero (Nelsen et al. 2016).

Em todo o mundo, os carvões do Jurássico têm uma proporção mais elevada de flora geralmente mais bem adaptada a ambientes terrestres mais secos do que a flora dos carvões do Permiano anteriormente mencionados (Retallack et al. 1996; Orem e Finkelman 2003). A proporção de tipos de plantas enterradas nos estratos do Jurássico é totalmente diferente da do Permiano. Por exemplo, a vegetação jurássica da Austrália era predominantemente composta por abundantes coníferas do sul (Turner et al. 2009). As coníferas não crescem em pântanos, mas em ambientes mais secos.

4. Extinção em massa

Uma revisão concluiu que, de todos os factores causais propostos para explicar as extinções em massa, as regressões marinhas associadas à queda do nível do mar são as que melhor se correlacionam ao longo do Fanerozoico (Jablonski 1986). Como mencionado anteriormente, o Permiano final foi inferido como tendo tido o nível do mar mais baixo do Paleozoico e mesmo de todo o Fanerozoico. Este facto implicaria uma perda significativa de habitat marinho.

O Paleozoico terminou com uma catástrofe ambiental complexa e uma extinção em massa da vida. Esta divisão paleobiológica acentuada levou Phillips (1840) a introduzir o termo Mesozoico (vida média, com o Triássico na base) entre o Paleozoico (vida antiga, terminando com o Permiano) e o Kainozóico (atualmente Cenozoico; vida recente, após o Cretáceo).

Os últimos estratos do Permiano até aos primeiros estratos do Triássico registam o desaparecimento progressivo de até 80% dos géneros marinhos, anomalias negativas pronunciadas de isótopos de carbono e de isótopos de estrôncio, basaltos de inundação maciços das Armadilhas Siberianas, condições oceânicas anóxicas generalizadas, uma regressão importante do nível do mar e a exposição de plataformas, um "Chert Gap" e um "Coal Gap", e a substituição de ecossistemas recifais por precipitação de carbonato dominada por micróbios. A maioria dos ecossistemas não recuperou totalmente até ao início do Triássico Médio (Gradstein et al. 2020).

H. Espalhamento do fundo do mar pós-paleozoico

I. Fases sucessivas de rifting continental e espalhamento do fundo do mar A

desagregação continental inicial começou no início do Triássico (Muller et al. 2019). É notável que isso tenha coincidido com uma época de baixo nível do mar e secagem continental, conforme descrito anteriormente. O rifting continuou e intensificou-se no Triássico Superior.

O rifteamento e a desagregação da Pangeia terão ocorrido por fases (Fig. 10) (de Lamotte et al. 2015). O rifteamento inicial incluiu o desenvolvimento de bacias de rifteamento sobre o Atlântico Norte e o leste do Oceano Índico. O Atlântico Norte central e a plataforma noroeste australiana sofreram um rift no Jurássico, e o Atlântico Sul, o Mar da Tasmânia e a margem oriental de África romperam-se no Cretáceo. No final do Mesozoico, a Índia e a África tinham começado a separar-se da Antárctida

(Bois et al. 1982). O início diacrónico da expansão dos fundos marinhos ao longo da margem atual do Oceano Atlântico Norte central faz parte de uma tendência maior que reflecte o desmembramento progressivo da Pangeia (Withjack et al. 1998).

Durante o Jurássico, a Pangeia dividiu-se em Laurásia a norte e Gondwana a sul, e este pico de rifting (Muller et al. 2019) reflecte-se num aumento abrupto da paleocosta (Kocsis e Scotese 2021) (Fig. 11). A rutura do Gondwana começou no Jurássico Inferior com o rifting inicial entre o Gondwana Oriental e Ocidental sendo precedido pela colocação de extensos basaltos de inundação relacionados com plumas na África Austral e nas Montanhas Transantárcticas. A Gondwana Oriental (Austrália, Antárctida, Índia, Madagáscar e o cratão do Kalahari na África Austral) separou-se da Gondwana Ocidental Gondwanaland (África, Arábia e América do Sul) (Baillie et al. 1994; Gibbons et al. 2013).

A segunda fase principal da separação de Gondwana começou no início do Cretáceo, quando o Oceano Atlântico Sul começou a abrir-se e a Grande Índia começou a sua rotação para noroeste a partir da Austrália e da Antárctida. Esta fase do Cretáceo inicial de espalhamento do fundo do mar afectou a margem da Austrália Ocidental (Baillie et al. 1994). Um exemplo de uma inconformidade de rutura do Cretácico é mostrado na Fig. 12. Registou-se um vulcanismo básico generalizado ao longo da margem sudoeste da Austrália, relacionado com a rutura e a formação de crosta oceânica (Norvick 2004). O basalto de Bunbury foi extrudido na calha terrestre de Bunbury da bacia de Perth mais a sul. Os dados aeromagnéticos sobre o Bunbury Trough mostram fluxos de basalto confinados a paleovalleys na inconformidade de rutura (Olierook et al. 2015) (Fig. 13). O O basalto é colunar em vez de basalto em almofada, consistente com a extrusão subaérea em paleovales. A paleodrenagem parece ter sido feita de sul para norte, o que seria semelhante ao sistema de drenagem de sul para norte que se deduz ter existido entre a Antárctida e a Austrália durante o Permiano e o Triássico inicial (Olierook et al. 2015).

No Cretáceo Médio, uma série de vales de riftes formou uma ampla zona de divergência de riftes entre a Austrália e a Antárctica, na qual se acumularam densas acumulações de sedimentos terrestres e lacustres. A Austrália ficou isolada da Antárctida no Oligoceno (Baillie et al. 1994) (Fig. 10).

As margens passivas encontram-se em muitos continentes do mundo. Exemplos incluem as margens do Oceano Atlântico, do Golfo do México e em redor da Austrália e da Antárctida. Representam a transição entre a crosta oceânica e a crosta continental, que não é uma margem de placas ativa. Foram construídas por sedimentação sobre riftes continentais que criaram novas bacias oceânicas. Como não houve colisão ou subducção nestas zonas específicas, a deformação e a atividade tectónica foram mínimas.

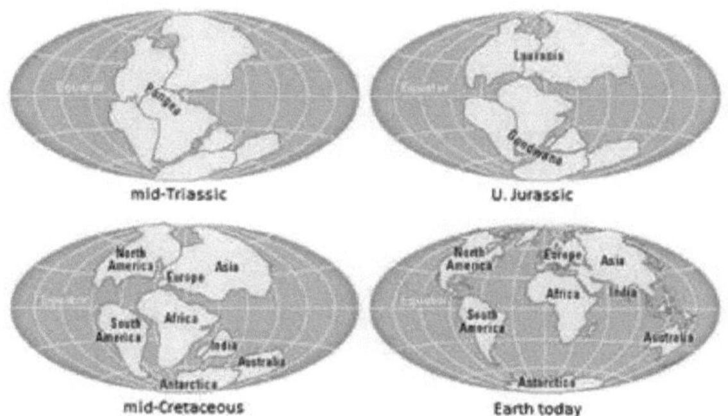

Figura 10. Fases da expansão do fundo do mar
(após https://www.britannica.com/science/plate-tectonics/Development-of-tectonic- theory.
Acedido em 8 de fevereiro de 2022)
- O Triásico Médio é anterior à abertura significativa dos oceanos actuais.
- O Jurássico Superior mostra o rifteamento inicial entre o Gondwana Ocidental e Oriental, e a separação das Américas.
- O Cretáceo Médio mostra o isolamento progressivo das massas de terra de Gondwana e a migração da Índia para norte.
- No Oligoceno, a Austrália e a Antárctida tinham-se separado.

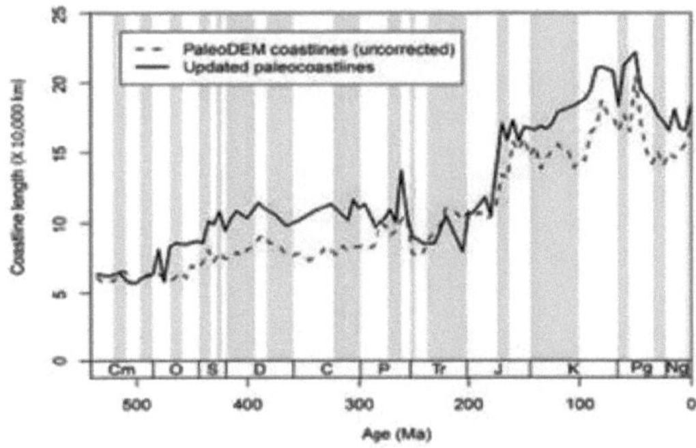

Figura 11. Variação do comprimento da paleocosta ao longo do tempo. Note-se o aumento abrupto no Mesozoico (segundo Kocsis e Scotese 2021).

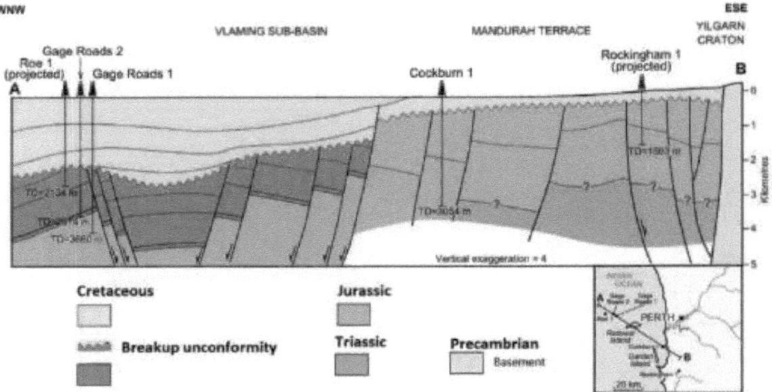

Figura 12. Secção transversal que se estende desde o Cratão de Yilgarn a leste até às rochas sedimentares mesozóicas da Bacia de Perth offshore a oeste (segundo Crostella e Backhouse 2000). Esta secção transversal mostra um exemplo de uma inconformidade de rutura continental do Cretáceo que trunca blocos de falhas do meio-graben subjacente. A partir do final do Cretáceo, a margem sudoeste da Austrália tornou-se tectonicamente quiescente. Os estratos da margem passiva pós-rutura mostram pouca deformação.

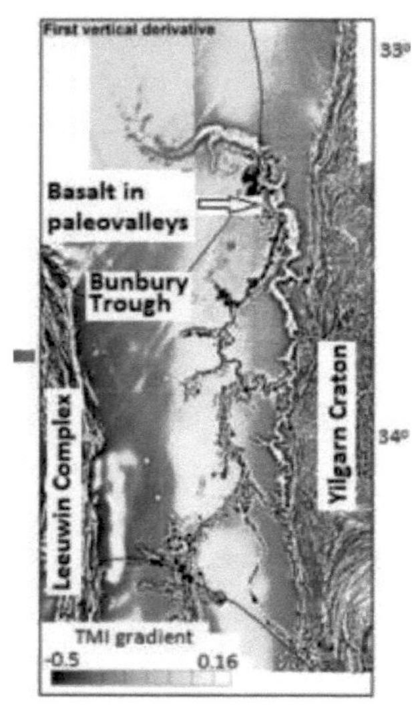

Figura 13. Primeira derivada vertical da intensidade magnética total indicando a distribuição do basalto cretácico nos paleovales do sudoeste da Austrália (segundo Olierook et al. 2015). O basalto tem forma colunar e não de almofada e, juntamente com a ocorrência em vales de rios, é evidente a extrusão subaérea.

J. Sedimentação pós-paleozóica a. Presença de sequências não marinhas

No presente documento já foi feita referência à sedimentação não marinha. Isto inclui a deposição lacustre e fluvial do Paleozoico tardio, o carste do Carbonífero, os incêndios do Permiano, numerosos indicadores de secagem em estratos do Triássico, tendências florais e basalto subaéreo do Cretácico. O pós-paleozoico foi caracterizado por uma grande variedade de ambientes deposicionais, incluindo ambientes não marinhos e marinhos (Dickens 2022) (Fig. 14).

Quando a abertura dos oceanos actuais estava em curso, houve também a formação de montanhas continentais, em margens continentais activas. Com os sucessivos episódios de escoamento destas montanhas, formaram-se sequências sedimentares mesozóicas e cenozóicas de grande espessura. As plantas mais adaptadas a um ambiente terrestre mais seco cresceram e tornaram-se dominantes (Fig. 7). As plantas foram transportadas pelo escoamento de áreas montanhosas tectonicamente activas e enterradas em ambientes próximos da costa (como os adjacentes ao Cretáceo Western Interior Seaway da América do Norte) (Robinson Roberts e Kirschbaum 1995) e em lagos (por exemplo, na China) (Shao et al. 2020). Esta matéria vegetal foi enterrada e, subsequentemente, formou medidas de carvão.

Os carvões mais espessos e mais extensos do Cretáceo Superior do interior ocidental da América do Norte estão associados a uma época de construção de montanhas, dobras e empurrões na Cordilheira Ocidental. A distribuição de conglomerados e vulcanoclásticos indica sistemas fluviais de alta energia que fluem da frente montanhosa adjacente em direção ao Western Interior Seaway (Robinson Roberts e Kirschbaum 1995).

A Paleogene Powder River Basin do oeste dos EUA contém as maiores reservas de carvão sub-betuminoso com baixo teor de enxofre do mundo (Clarey 2017). O baixo teor de enxofre é geralmente um indicador de um ambiente deposicional de água doce, em vez de água marinha (Sari et al. 2017). Em associação com o evento de construção de montanhas conhecido como Orogenia Laramide (que elevou grande parte das Montanhas Rochosas), a vegetação foi transportada por rios para amplas planícies de inundação e em torno das margens do lago. O afundamento da bacia e o escoamento das cadeias montanhosas adjacentes contribuíram para a acumulação de sedimentos espessos. A matéria vegetal foi então preservada como espessas camadas de carvão (Glass 1980).

O registo fóssil de ambientes lacustres inferidos indica uma biodiversidade a partir do Mesozoico (Buatois et al. 2016). O carvão pós-paleozoico na China é geralmente interpretado por investigadores chineses como estando associado a bacias lacustres (Dai et al. 2020; Li et al. 2018). As bacias carboníferas do Jurássico médio-precoce são consideradas bacias de lagos interiores de grande e médio porte, nas quais os sistemas de deltas de lagos aluviais e os ambientes sedimentares à beira do lago foram considerados as principais áreas de formação de carvão. Outros exemplos de formações mesozóicas que incorporam a deposição lacustre foram descritos, incluindo a Formação Morrison da América do Norte (Frazier e Schwimmer 1987; Hagen-Kristiansen 2017), a Bacia Parnaíba da

América do Sul (Soares et al. 1978), a Bacia Eromanga da Austrália (Michaelsen e McKirdy 1989) e bacias rift no norte da África (Guiraud et al. 2005).

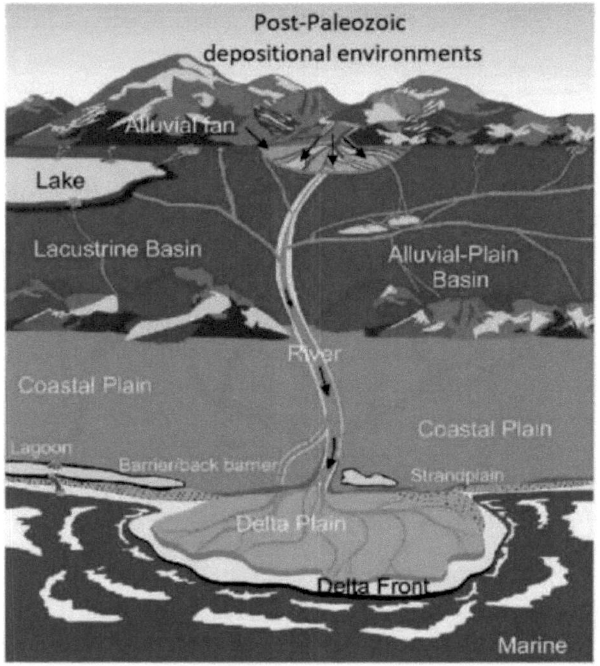

Figura 14. Um diagrama esquemático idealizado que mostra uma representação de ambientes deposicionais pós-paleozóicos, incluindo lacustres continentais intermontanos, planícies aluviais, planícies costeiras, planícies fluviais e deltas (Dai et al. 2020). Estes ambientes são predominantemente não marinhos.

b. Vias marítimas interiores

Durante os períodos de expansão dos fundos marinhos, o basalto das cristas meso-oceânicas recém-criadas era mais quente e o seu maior volume terá deslocado a água oceânica para transbordar as partes baixas da crosta continental e formar vias marítimas interiores. No entanto, o oceano não cobria completamente o globo terrestre nessa altura. Há evidências em rochas e fósseis de vias marítimas interiores do Jurássico e do Cretáceo e de inundação da margem continental (Golonka e Kiessling 2002). O Sundance Seaway no oeste dos EUA (Danise e Holland 2018) e o Sub-Boreal Seaway do Reino Unido (Foffa et al. 2018) são exemplos de vias marítimas jurássicas e subsidência de bacias. O Sundance Seaway tinha cerca de 2000 quilómetros de comprimento e era flanqueado a oeste por um cinturão de dobras e de empuxo (Danise e Holland 2018). No Cretáceo havia vários canais marítimos, incluindo o Western Interior Seaway na margem tectonicamente ativa da América do Norte (Robinson Roberts e Kirschbaum 1995) (Figs. 15 e 16).

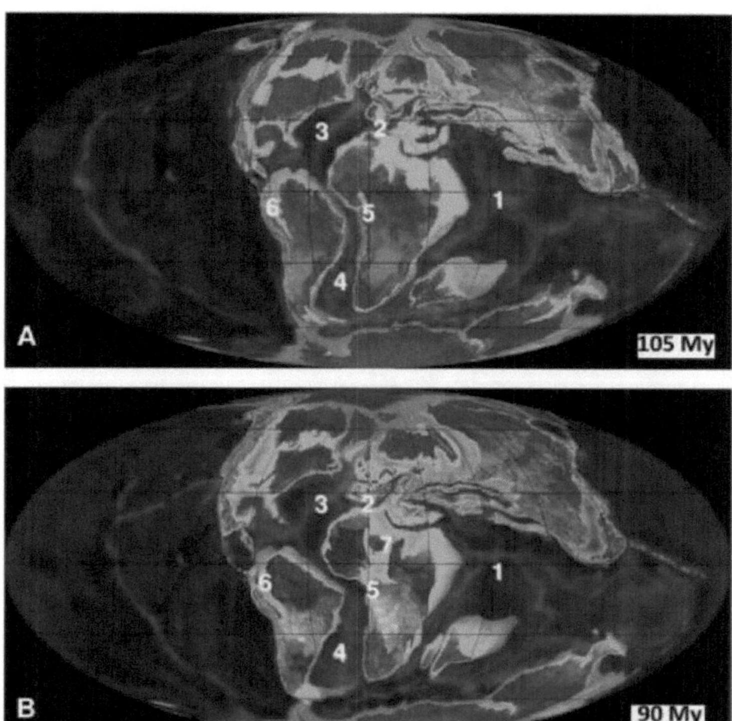

Figura 15. Mapas globais do Cretáceo (105 My) e (90 My) mostrando a distribuição de vias marítimas e oceanos. (1) Oceano Tethys, (2) Canal de Tethys, (3) Tethys Ocidental, (4) Atlântico Sul, (5) Canal de Benue, (6) Canal da América do Sul e (7) Canal trans-saariano (Roney 2013). No Cretáceo, a América do Norte tinha a Via Marítima Interior Ocidental e o norte da Austrália tinha o Mar de Eromanga.

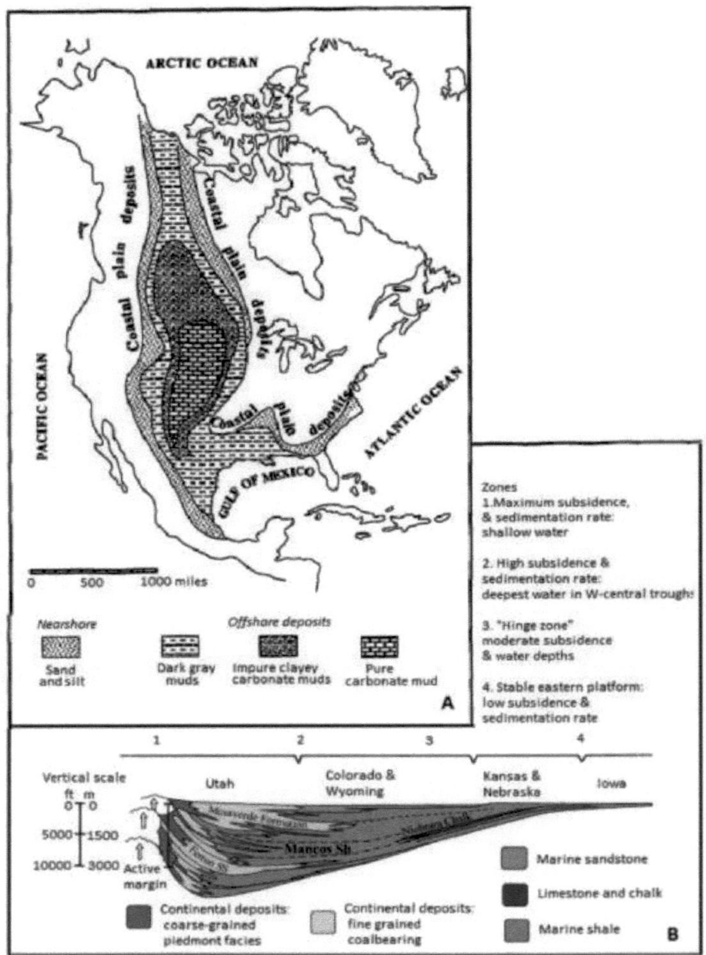

Figura 16. Canal interior ocidental, América do Norte

A. Mapa generalizado do Mar Interior Ocidental durante a transgressão marinha máxima do Cretáceo Superior (Pang 1995). As fácies indicam a transição de águas próximas da costa para águas mais profundas.

B. Secção transversal da bacia do interior ocidental, entre o Utah e o centro do continente. Os depósitos continentais foram derivados do escoamento da Cordilheira a oeste. Os depósitos marinhos encontram-se mais a leste (segundo Birgenheier et al. 2017).

I. A Idade do Gelo Pleistocénica e os desfiladeiros submarinos

A intensa atividade vulcânica que aumenta a temperatura dos oceanos, associada à expansão dos fundos marinhos, pode explicar esta Idade do Gelo. A forte evaporação de um oceano muito mais quente forneceria a água para o gelo (Oard

1987, 2004). A água transforma-se em gelo, provocando uma descida do nível do mar em todo o mundo.

Os desfiladeiros submarinos encontram-se em todas as plataformas continentais do mundo. No pico da Idade do Gelo do Pleistoceno, a maioria das plataformas continentais estavam expostas subaéricamente e sofreram erosão quando o nível global do mar eustático estava ~120 m abaixo da sua posição atual. Os sedimentos depositados na quebra da plataforma durante a descida do nível do mar constituíam uma fonte de fluxos de turbidez a jusante e de incisão de desfiladeiros (Harris e Whiteway 2011).

O Perth Canyon é um exemplo de um desfiladeiro submarino localizado no limite da plataforma continental, a cerca de 30 km da costa de Perth, Austrália Ocidental (Fig. 17). É o maior canyon submarino da Austrália. Tem aproximadamente o comprimento do Grand Canyon, mas é duas vezes mais profundo (atingindo profundidades de 4 km abaixo do nível do mar) (Trotter et al. 2019).

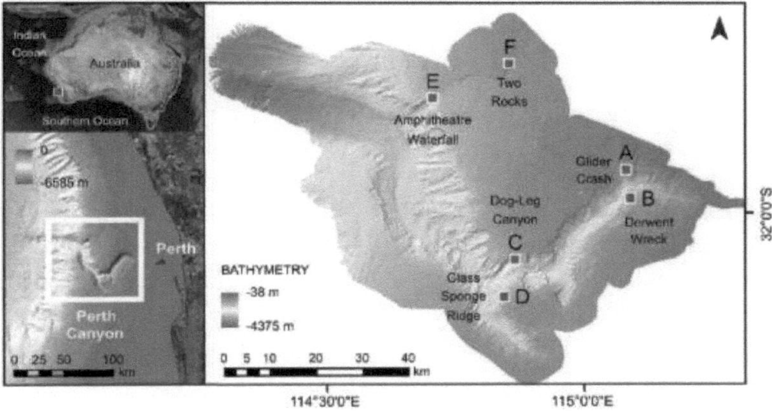

Figura 17. Imagens de satélite do Perth Canyon e mapa de batimetria. Estão indicadas as localizações de seis levantamentos de mergulho com ROV (Locais A-F) (Trotter et al. 2019).

Considero que quase todo o registo geológico neoproterozóico e fanerozóico pode ser correlacionado com o Dilúvio de Noé e as suas consequências. A partir do relato histórico no livro do Génesis, podem ser inferidas fases sucessivas relacionadas com o Dilúvio de Noé e as suas consequências (Fig. 18). O relato do Ano do Dilúvio tem processos específicos, incluindo o rebentamento de fontes, 40 dias e noites de chuva, transgressão marinha, regressão marinha e secagem. Apenas o Ano do Dilúvio anterior tinha um oceano que cobria o globo. Teriam ocorrido convulsões tectónicas durante o Ano do Dilúvio e no seu rescaldo, com erosão, deposição sedimentar e processos vulcânicos. Considera-se que as megasequências reflectem o tectonismo regional (Apêndice C). A secção de discussão fornece pormenores de um modelo de história sucessiva proposto, que inclui o recuo das águas do Dilúvio de Noé e a propagação do fundo do mar.

Na curva do nível do mar podem observar-se dois ciclos ou superciclos globais de primeira ordem. Eles estão associados à fragmentação dos supercontinentes. Eu deduzo isso:

1. O Superciclo Um está correlacionado com a subida e descida das águas do Dilúvio de Noé. Nesta curva, o Ordoviciano é o nível do mar mais alto e eu correlaciono este facto com a água que cobriu o globo no pico do Dilúvio de Noé.

2. O Superciclo 2 está correlacionado com a época subsequente de expansão dos fundos marinhos e abertura dos oceanos que agora se vêem entre os continentes actuais. Deduzo que o pico do Cretáceo se relaciona com a expansão das cristas meso-oceânicas quentes, que deslocam a água para os continentes, formando vias marítimas interiores, mas não cobrindo completamente os continentes.

Consultar o Apêndice B para mais pormenores sobre a interpretação do nível do mar.

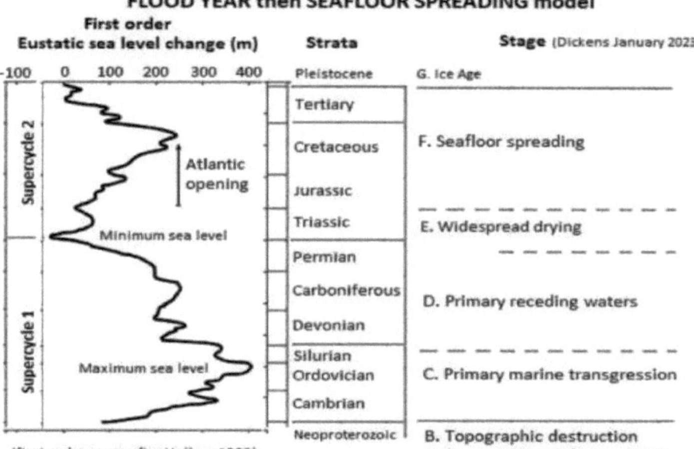

Figura 18: As fases (A a G) são inferidas a partir das escrituras e são descritas sequencialmente em mais pormenor neste documento. As fases nesta figura estão correlacionadas com a curva de primeira ordem (global) do nível do mar interpretada por Hallam 1992.

A. Fragmentação inicial dos supercontinentes

No sexagésimo ano da vida de Noé, no segundo mês, no décimo sétimo dia do mês, nesse dia rebentaram todas as fontes do grande abismo, e abriram-se as janelas dos céus.

(Génesis 7:11 ESV).

O Ano do Dilúvio começou com o rebentamento de todas as fontes do grande abismo. Considera-se que este facto fragmentou o supercontinente no Neoproterozóico. A título de exemplo, foram apresentadas provas que indicam que a Zona de Falha de Darling é uma região onde as fontes do grande abismo se abriram e a crosta continental da Austrália e da Grande Índia se fragmentou no Neoproterozóico.

B. Fase de destruição topográfica

E Deus disse a Noé: "Decidi acabar com toda a carne, porque a terra está cheia de violência por causa deles. Eis que os <u>destruirei</u> com a <u>terra</u>. (Génesis 6:13 ESV). [Sublinhado adicionado para ênfase].

Porque, em sete dias, farei <u>chover</u> sobre a terra quarenta dias e quarenta noites, e <u>apagarei</u> da face da terra todos os seres vivos que criei". (Génesis 7:4 ESV). (Génesis 7:4 ESV).

e não se aperceberam até que veio o dilúvio e os varreu a todos, assim será a vinda do Filho do Homem (Mateus 24:39).

A Grande Inconformidade em rochas duras do embasamento cristalino na América do Norte e noutros continentes (Dickens 2016; Dickens 2018) é testemunho de uma poderosa desnudação continental e da destruição da topografia do mundo pré-diluviano devido a chuvas enormes e globalmente extensas. A Grande Inconformidade no Grand Canyon demonstra que até mesmo o granito e o xisto foram erodidos por quilômetros (Karlstrom et al. 2021; McDannell et al. 2021) e peneplanizados. Isto indica uma destruição erosiva catastrófica dos biomas terrestres pré-diluvianos com os seus vertebrados terrestres. O modelo de longa data de destruição gradual de zonas ecológicas pela subida das águas do Dilúvio de Noé, conhecido como o modelo de zonação ecológica (Clark 1946), não é consistente com uma erosão catastrófica extremamente profunda e poderosa.

Evidências estratigráficas e químicas da transição Pré-cambriano-Cambriano demonstram que o julgamento do Dilúvio de Noé foi extremamente severo. Em todo o mundo, os diamictitos criogenianos indicam grandes fluxos de massa (Oard 1997). Estudos de isótopos de silício apontam para águas que estavam saturadas em silício no final do Neoproterozóico (Gao et al. 2020), consistente com uma erosão continental sem precedentes. A tendência global do Neoproterozóico para o Cambriano Médio de aumento do rácio ^{87}Sr/^{86}Sr é também consistente com a desnudação continental (Peters e Gaines 2012). Esta colossal erosão global pode explicar o facto de não terem sido reconhecidos esqueletos humanos nas rochas do Dilúvio. Sugere-se que as lamas erosivas neoproterozóicas eram extremamente poderosas e que as pessoas apanhadas nelas não foram fossilizadas, mas sim desgastadas (Dickens e Hutchison 2021a). Isto também pode explicar a falta de outros fósseis de vertebrados terrestres, como dinossauros, em estratos do Neoproterozóico ao Paleozoico.

A voz do Senhor quebra os cedros; o Senhor quebra os cedros do Líbano.

Faz saltar o Líbano como um bezerro, e Sirião como um jovem boi selvagem. A voz do Senhor faz brilhar chamas de fogo.

A voz do Senhor faz tremer o deserto; o Senhor faz tremer o deserto de Cades.

A voz do Senhor faz parir os veados e desnuda as florestas, e no seu templo todos gritam: "Glória!"

O Senhor está entronizado sobre o dilúvio; o Senhor está entronizado como rei para sempre (Salmo 29:5-10 ESV).

A menção do mabbul ou dilúvio primitivo (Boyd 2016) também é feita no Salmo 29. Os processos violentos descritos incluem a quebra de árvores, florestas desnudadas, tremores de terra e fogo. Eu associo a origem das primeiras medidas maciças de carvão ao mabbul. Por outras palavras, as medidas de carvão do Paleozoico (Carbonífero-Permiano) derivaram da vegetação terrestre retirada do supercontinente pré-diluviano pela ação de enormes correntes erosivas geradas por chuvas maciças e geograficamente extensas, abalos de terra e atividade de fontes relacionadas com vulcões. As árvores, sendo de densidade relativamente baixa (Chaturvedi et al. 2013), teriam tido tendência para flutuar perto da superfície das águas durante a transgressão marinha global. Os cursos de água que descem as encostas e estão cheios de madeira flutuante são conhecidos no mundo atual (Chaithong et al.

2018). Enquanto o continente estava a ser erodido, o nível do mar adjacente começou a subir, até que, por fim, a terra ficou completamente coberta de água.

C. Fase de transgressão marinha

O dilúvio durou quarenta dias sobre a terra. As águas aumentaram e carregaram a arca, que se elevou muito acima da terra. As águas prevaleceram e aumentaram muito sobre a terra, e a arca flutuava sobre a face das águas (Génesis 7:17-18 ESV).

Não existem medidas significativas de carvão antes do Paleozoico Superior. Este facto é consistente com a vegetação flutuante durante a fase de transgressão marinha e, mais tarde, a vegetação que se desprende e é enterrada com sedimentos na fase de recuo das águas. Os mares epicontinentais do Paleozoico caracterizam-se pela pouca profundidade (apenas dezenas de metros), grande amplitude (estendendo-se por centenas a milhares de quilómetros) e declive muito suave do fundo marinho (menos de 0,01°) (Hallam 1981; Zhang e Mi 2021). Isto é consistente com a deposição sedimentar em terra que foi peneplanada no início do Ano de Cheia.

D. Fase de recuo das águas

As fontes do abismo e as janelas dos céus fecharam-se, a chuva dos céus foi contida e as águas recuaram continuamente da terra. Ao fim de cento e cinquenta dias, as águas tinham-se acalmado e, no sétimo mês, no décimo sétimo dia do mês, a arca pousou sobre os montes de Ararate. E as águas continuaram a diminuir até ao décimo mês; no décimo mês, no primeiro dia do mês, viram os cumes dos montes (Génesis 8:2-5 ESV).

Os montes subiram e os vales baixaram até ao lugar que lhes designaste (Salmo 104:8).

1. Início

As fases de recuo e secagem do Ano do Dilúvio demoraram cerca de 7 meses (Génesis 8:1-11, Génesis 8:13-16). Durante esses 7 meses, a terra teria começado a aparecer e a aumentar progressivamente em extensão de área à volta do globo. Haveria ambientes marinhos e não marinhos, em vez de um oceano que cobria o globo. Os ambientes de deposição não marinhos, como rios e lagos, teriam então começado a aparecer no supercontinente.

A fase de regressão marinha primária do Ano do Dilúvio começou depois de as fontes do Dilúvio terem parado e a chuva ter sido contida. O tectonismo regional, como a subsidência e o soerguimento, teria causado alterações de ordem superior no nível do mar. O arrefecimento e, por conseguinte, a subsidência, terão ocorrido depois de os fluxos hidrotermais das fontes do Dilúvio terem cessado, com a formação de vales de fissura e de garranos em zonas marinhas entre fragmentos de supercontinentes (Fig. 1). A formação de montanhas regionais também estava em curso, incluindo a Orogenia Acadiana, que está associada à regressão marinha inicial e à deposição do Arenito Vermelho Antigo Devoniano no leste dos Estados Unidos e no noroeste da Europa (Prothero e Dott 2010).

A inconformidade do Carbonífero Médio em todo o mundo é a prova de que o recuo das águas do Dilúvio de Noé estava a ocorrer a uma escala global. As águas que cobriam a Terra começaram a fluir para as regiões mais baixas, especialmente para as zonas de fissura e de graben. Por exemplo, o fluxo da Antárctida para a zona entre a Grande Índia e a Austrália Ocidental (incluindo o que mais tarde se tornou o semi-graben da Bacia de Perth).

2. Águas que se encerram e minguam

E voltam as águas de sobre a terra, indo e voltando; e as águas faltam ao fim de cento e cinquenta dias... e as águas vão e faltam até ao décimo mês; no décimo mês, no primeiro do mês, apareceram as cabeças dos montes (Génesis 8:3,5 YLT).

A descrição das águas que vão e voltam na fase de recuo das águas do relato do Dilúvio fornece uma explicação consistente para os ciclotemas permo-pensilvânicos. Não há necessidade de invocar mudanças no nível do mar devido ao aumento e diminuição das chamadas "camadas de gelo". Como mencionado anteriormente, a ausência de ciclotemas do Gondwana indica que os "lençóis de gelo" do Gondwana podem ser excluídos como a única causa dos ciclotemas (Isbell et al. 2003).

As sucessões de enchimento das bacias de Gondwana mostram três fases consistentes de estratos de granulação grosseira mais baixa (representados por diamictitos e conglomerados mal classificados), sobrepostos por xistos que, por sua vez, são sucedidos por arenitos deltaicos e fluviais marinhos pouco profundos e geralmente contendo carvão (Fig. 4b). Deduzo que as três fases representam uma deposição em massa, os xistos formaram-se durante a subsidência e depois os estratos carboníferos formaram-se à medida que as plantas foram sendo enterradas.

Em numerosas bacias do hemisfério sul, existe uma associação significativa no tempo e no espaço das chamadas margens de "recuo glacial" ("deglaciação") com locais de rifting marcados por inconformidades carboníferas-permianas (Yeh e Shellnutt 2016). A sedimentologia da Bacia de Perth destaca o papel fundamental que as chamadas "águas de degelo glacial" têm no transporte de sedimentos clásticos de granulação grossa e fina para bacias marinhas (Eyles et al. 2006). Deduzo que estas águas eram águas recuadas do Ano do Dilúvio, em vez de "águas de degelo glaciais".

3. Fluxos de massa do Paleozoico tardio

Em vez de uma "Idade do Gelo" do Paleozoico tardio, caraterísticas como os diamictitos, o subsolo estriado, etc., são inferidas como representando processos associados ao recuo energético das águas do Dilúvio.

Os estratos da chamada "Idade do Gelo" do Paleozoico Final (LPIA) representam um dos intervalos mais bem estudados da história da Terra. No entanto, continuam a existir questões por resolver. Por exemplo, determinar as forças climáticas que moldaram a dinâmica "glaciar-deglaciar", estimar com exatidão o "volume de gelo" associado e as alterações eustáticas do nível do mar, a natureza e o papel dos oceanos na LPIA e compreender as reacções entre a atmosfera, o oceano, a criosfera e a biosfera (Montanez e Poulsen 2013).

Uma alternativa bíblica a uma origem glacial para os diamictitos e conglomerados do Permo-Carbonífero é que eles se formaram como fluxos de massa subaquosos enquanto as águas do Dilúvio de Noé recuavam energicamente do supercontinente, erodindo e estriando rochas cristalinas do embasamento. A água escoou para áreas de subsidência e de falhas. A erosão significativa produziu numerosas caraterísticas que lembram a glaciação, mas foram formadas por fluxos de massa submarinos (Oard 1997).

4. A vegetação pré-diluviana é enterrada

Enormes volumes de vegetação flutuante que tinham sido retirados da terra no início do Ano de Cheia teriam agora escorrido para a terra recém-emergida. Com esta regressão primária do Ano do Dilúvio, estas plantas terrestres fluíram para áreas mais baixas, tais como bacias foreland ou grabens de bacias cratónicas em declive (Dai et al. 2020). Alguma vegetação que chegou ao solo, secou e pegou fogo (Jasper et al.

2021). As falhas e o soterramento posterior permitiriam a formação de importantes medidas de carvão do Carbonífero e do Permiano.

A notável distribuição de folhas *de Glossopteris* em depósitos terrestres do Permiano nos continentes de Gondwanan foi fundamental para os primeiros argumentos de que essas regiões já foram unidas em um vasto supercontinente que mais tarde se fragmentou e se separou (McLoughlin 2017).

Medidas de carvão do Permiano encontradas em grabens da Bacia Collie (Fig. 9) foram associadas a sedimentos fluviais (Lowry 1976). No entanto, devido à natureza bem estratificada das camadas de carvão, é mais provável que tenham ocorrido enormes e generalizados fluxos de lençóis quando as águas do Ano do Dilúvio estavam a sair do continente. A ausência de seatearths e de raízes fósseis (Lord 1952) também fornece provas de que as camadas de carvão foram transportadas para o local, em vez de se formarem numa situação desordenada in situ, como um pântano. As caraterísticas encontradas nos pântanos, tais como cepos, raízes de árvores e troncos caídos, não estão presentes.

5. Transporte de sedimentos do Permiano "em falta"

Os sedimentos do Permiano atualmente encontrados em bacias como a Bacia de Perth podem ter coberto uma área significativamente maior do que o seu cratão adjacente. As águas recuadas do Dilúvio de Noé foram inferidas como tendo erodido estes sedimentos (Walker 2012). A evidência anteriormente mencionada de erosão significativa levanta a questão do eventual local de deposição destes volumes de detritos (Sircombe e Freeman 1999). É importante notar que, até à data, não existem provas conhecidas do destino do enorme volume de sedimentos que foi erodido. Deduzo que os detritos em falta podem ter fluído para locais de riftes e graben (Fig. 19).

Os processos erosivos actuais não esculpem vales extensos e largos no subsolo. Os responsáveis devem ser outros processos - processos catastróficos. Por conseguinte, é razoável concluir que as águas de inundação em recuo esculpiram vales tão largos (Figs. 5 e 6) no Yilgarn e noutros cratões de Gondwanan.

6. O Permiano acelerou a descida do nível do mar

A paleogeografia e a distribuição de fósseis de invertebrados marinhos sugerem uma descida significativa do nível do mar a nível mundial no Permiano Superior. A regressão marinha do Permiano Superior e a erosão daí resultante foram inferidas em numerosos locais em todo o mundo (Dong 2021). Entre estes contam-se a China (Dong 2021), a Árctica canadiana (Thorsteinsson 1974), Omã (Hauser et al. 2000), bem como a Noruega e a América do Norte (Hallam e Wignall 1999). O Permiano final foi inferido como tendo tido o nível do mar mais baixo do Paleozoico e mesmo de todo o Fanerozoico (Golonka e Kiessling 2002; Hallam 1992; Haq e Schutter 2008) (Fig. 18). Correlaciono esta regressão marinha global com a aceleração da fase de recuo das águas do Dilúvio de Noé.

A perda de habitat marinho, causada pela regressão global do Permiano Superior, tem sido invocada como uma causa provável da extinção em massa de invertebrados marinhos no Permiano Superior (Erwin 1990; Hallam e Wignall 1999). Este evento regressivo resultou num encolhimento dramático dos mares pouco profundos, tal como indicado por poucas secções marinhas completas conhecidas desde o Permiano Médio até ao Permiano Superior na maior parte das regiões do mundo (Chen et al. 2009; Ross e Ross 1994). No final do Paleozoico, a dimensão da massa terrestre acima do nível do mar foi inferida como sendo 110-120% em comparação com a massa terrestre atual devido a uma regressão mundial (Valentine e Moores 1970).

Foi descrito um modelo de fluxo de retorno da água do mar para o manto que resultou na hidratação do manto, na rápida descida do nível do mar e no aparecimento de grandes massas de terra. A introdução de água do mar no manto teria reduzido drasticamente a temperatura de fusão e a viscosidade dos materiais do manto, o que teria ativado os processos de tectónica de placas (Maruyama e Liou 2005). Este cenário enquadra-se bem no modelo proposto de recuo das águas do Dilúvio de Noé que conduziu à propagação do fundo do mar.

7. Crescimento de novas plantas

A arca de Noé pousou nas montanhas do Ararate (Génesis 8:4) e inicialmente só se viam os cumes das montanhas (Génesis 8:5). Em seguida, Noé enviou um corvo, e depois uma pomba, para ver se as águas tinham baixado da face da terra (Génesis 8:7-10). Na segunda vez, a pomba trouxe uma folha de oliveira acabada de colher, pelo que Noé soube que as águas tinham baixado da terra (Génesis 8:11). Assim, a restauração do crescimento de plantas terrestres estava em andamento, incluindo espécies pioneiras, uma vez que novas terras surgiram após a devastação causada pelo mabbul.

Figura 19. Uma imagem para representar as águas que voltam aos locais das fontes de inundação, tal como descrito no modelo deste documento (figura segundo Dunkin 2022).

E. Secagem generalizada

No ano seiscentos e um, no primeiro mês, no primeiro dia do mês, as águas secaram-se de sobre a terra. E Noé tirou a cobertura da arca e olhou, e eis que a face da terra estava seca. No segundo mês, no vigésimo sétimo dia do mês, a terra secou.

Então Deus disse a Noé: "Sai da arca, tu e a tua mulher, e os teus filhos e as mulheres dos teus filhos contigo" (Génesis 8:13-16 ESV).

Os leitos vermelhos devonianos encontram-se nos lados continentais da atual região do Atlântico Norte e estão associados à elevação e exposição subaérea devido à construção regional de montanhas (Prothero e Dott 2010). Em contraste, os leitos vermelhos do Triássico estão muito mais amplamente distribuídos por todo o mundo. Isto inclui a África do Sul, a Índia, a Austrália, a Antárctida (Fig. 8), a América do Sul, a Europa Ocidental, o sudoeste dos EUA, o Canadá marítimo, a China e o noroeste de África (Ford e Golonka 2003; Zharkov e Chumakov 2001).

Extensivamente documentado na literatura geocientífica está o ponto de vista de que houve um período de secagem pelo menos desde o Permiano posterior e Triássico, particularmente em locais do interior do continente. Este facto é atestado por evidências litológicas, fluviais, geoquímicas e da flora carbonífera, tal como descrito anteriormente neste documento.

É um facto intrigante que, em todo o mundo, ainda não tenha sido descoberta nenhuma jazida de carvão nos estratos do Triásico inicial (daí o termo "Coal Gap") (Fig. 7) e que as jazidas de carvão nos estratos do Triásico médio sejam escassas e pouco espessas. Este "Coal Gap" começou com o último aparecimento de plantas formadoras de carvão no final do Permiano, não se conhecendo carvão em lado nenhum até aos estratos do Triássico Médio. Os níveis de diversidade de plantas do Permiano e a espessura do carvão não reaparecem até aos estratos do Triássico Superior (Retallack et al. 1996).

A razão para a "Lacuna de Carvão" do início do Triássico é um mistério para os geocientistas seculares. No entanto, acredito que o relato do Dilúvio de Noé pode resolver esse mistério. Como a terra secou no final do ano do Dilúvio, houve um período de tempo antes que uma nova vegetação significativa (dominada por plantas mais adaptadas a condições mais secas) pudesse crescer e mais tarde ser enterrada para formar novas e extensas medidas de carvão pós-paleozóicas. Noé viu quando a face da terra estava seca (Génesis 8:13), mas esperou mais 8 semanas (Génesis 8:14) para confirmar que a terra tinha secado antes de Deus dar a ordem para sair da arca (Génesis 8:16). Isto pode ter sido feito para permitir que brotasse vegetação suficiente para alimentar os animais que saíam da Arca numa base contínua (Warren Johns pers. comm.).

O vulcanismo basáltico de inundação continental das armadilhas siberianas do Permiano tardio e a fusinite de carvão associada fornecem provas de terras secas e incêndios.

F. Fase de expansão do fundo do mar

1. Águas de retorno temperatura de fusão dos silicatos do manto inferior

Considero muito significativo que a grande queda do nível do mar no final do Permiano (Hallam 1992) e a secagem do Triássico tenham coincidido com o rifteamento inicial da Pangeia no Triássico Inferior (Muller et al. 2019).

Deduz-se que volumes significativos de água tenham retornado ao interior da Terra, especialmente nas proximidades das zonas de fontes do Dilúvio, onde o supercontinente se fragmentou. A acumulação de água que regressa ao interior da

Terra terá subsequentemente baixado a temperatura de fusão e a viscosidade dos silicatos do manto. Assim, a convecção do manto foi reforçada, permitindo a propagação dos fundos marinhos. Deduzo que a expansão dos fundos marinhos é uma consequência do recuo das águas do Ano do Dilúvio.

O fluxo de fluidos em zonas de falha altera a sua permeabilidade e pode contribuir para a atividade sísmica episódica, promovendo a geração de elevadas pressões de fluidos porosos e facilitando a formação de minerais secundários fracos (Menzies et al. 2016). Assim, as águas recuadas do Dilúvio de Noé que fluem para fracturas profundas abertas em zonas de fontes (zonas de graben entre fragmentos continentais) poderiam permitir a reativação do rifting, culminando na propagação do fundo do mar.

Os minerais, como a ringwoodite, na camada limite do manto (a 410660 km) podem armazenar cerca de cinco vezes mais água do que o volume total de água do mar na superfície da Terra atual (Maruyama e Liou 2005) (Fig. 20).

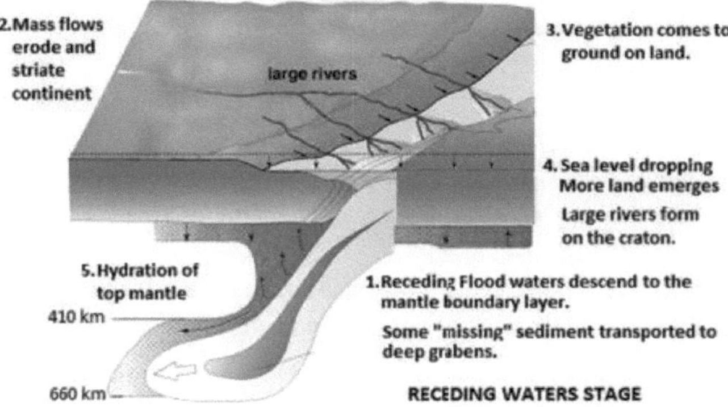

Figura 20. Diagrama de modelo esquemático mostrando os efeitos inferidos numa margem continental fragmentada da fase de recuo das águas do Dilúvio de Noé (figura modificada de Maruyama e Liou 2005).

1.   As águas drenam dos continentes e transportam os clastos continentais para os grabens ao largo, em zonas de fragmentação formadas após o fecho das fontes das grandes profundidades. As águas descem para a camada limite do manto. Alguns sedimentos "em falta" são transportados para zonas de graben profundas.

2.   Do Carbonífero Médio ao Permiano Inicial - Regressão marinha. A superfície das rochas do subsolo continental é estriada e formam-se fluxos de massa especialmente adjacentes à margem continental (não é uma Idade do Gelo).

3.   A vegetação do Paleozoico Tardio-Pré-Diluviano surge no continente, é derrubada e enterrada para formar posteriormente medidas de carvão.

4.   Permiano Superior - A descida do nível do mar acelera-se e surgem mais terras. Formam-se grandes rios com vales largos nos cratões.

5.   Triássico - A zona de secagem da superfície continental estende-se.

As águas de retorno acumuladas hidratam a camada limite do manto (410-660 km) formando silicatos hidratados densos e diminuindo a viscosidade. Os magmas foram gerados pela redução da temperatura de fusão dos silicatos no manto.

A hidratação amoleceu e enfraqueceu as rochas, diminuindo assim o atrito interno das rochas e aumentando a convecção do manto. O rifteamento da Pangeia estava em curso.

Foi proposto que os supercontinentes se separam e migram para longe dos locais de afloramento do manto (altos do geoide) (Gurnis 1988). Assim, fragmentos continentais do Gondwana teriam sido arrastados para longe da paleoplanície antárctica (Fig. 3) à medida que o fundo do mar se afastava, possibilitado por uma camada limite de manto hidratado. Quando o geoide moderno é traçado sobre a posição dos continentes e dos limites das placas durante o Mesozoico, a baixa geoidal corresponde em posição às zonas de subducção circum-pacíficas (Chase e Sprowl 1983).

2. Tectonismo continental pós-paleozoico e formação de carvão

Os carvões mesozóicos e terciários encontram-se em ambientes tectónicos e sedimentares muito mais diversos do que os carvões paleozóicos (Bois et al. 1982; Dai et al. 2020; Fig. 14). A maioria das rochas reservatório de hidrocarbonetos do Paleozoico foram depositadas em bacias de plataforma de gradiente suave e com taxas de sedimentação relativamente mais baixas. Os mares epicontinentais do Paleozoico eram pouco profundos e os seus fundos marinhos suavemente inclinados eram consistentes com a peneplanação erosiva da topografia pré-diluviana (Dickens 2022). Em contraste, os reservatórios de hidrocarbonetos do Terciário encontram-se em margens tectonicamente activas e em bacias que subsidiam rapidamente (Bois et al. 1982).

Importantes medidas carboníferas do Mesozoico e do Terciário e sequências sedimentares espessas formaram-se durante uma época de construção de montanhas continentais e de episódios de soterramento regional em margens continentais activas, quando estava em curso a abertura dos oceanos actuais através da propagação dos fundos marinhos. As plantas mais adaptadas a um ambiente terrestre mais seco cresceram e tornaram-se dominantes em comparação com as plantas que têm tecidos especializados na condução de água (Fig. 7). As plantas foram transportadas por escoamento superficial de zonas montanhosas tectonicamente activas e enterradas em ambientes costeiros próximos (como os adjacentes à zona ocidental do Cretáceo da América do Norte).

Marítimo interior) e em lagos (por exemplo, na China). Esta matéria vegetal formou posteriormente medidas de carvão.

3. Vias marítimas nos continentes

Os montes subiram, os vales desceram até ao lugar que lhes designaste. Estabeleceste um limite para que não passassem, para que não voltassem a cobrir a terra (Salmo 104:8-9).

O Jurassic Sundance Seaway da Cordilheira da América do Norte é um exemplo de um local de subsidência associado no tempo à construção de montanhas não marinhas adjacentes. Os canais marítimos do Jurássico e do Cretáceo podem ter sido extensos, mas a superfície da terra não estava completamente coberta de água nessa altura. Tais vias marítimas eram geralmente delimitadas por montanhas em margens continentais activas.

4. Tectonismo geralmente inativo em margens passivas

As margens passivas aumentaram à medida que a Pangeia se foi desagregando. Uma margem passiva é uma margem formada por rifting seguido de espalhamento do fundo do mar.

As margens passivas actuais encontram-se em todo o mundo e têm um comprimento total de 105 000 km, ainda mais longo do que as cristas de espalhamento (65 000 km) (Bradley 2008). Um exemplo é mostrado na Fig. 12, onde os sedimentos da margem passiva pós-rutura mostram pouca deformação e infere-se que tenham sido relativamente quiescentes tectonicamente (Olierook et al. 2016).

A velocidade média de abertura do Oceano Atlântico pode ser usada como exemplo para ilustrar que a taxa de abertura do oceano pode ter sido consistente com o tectonismo quiescente. Utilizando a largura do Oceano Atlântico de 1600 km e 40 dias como duração mínima, a velocidade média de abertura é inferior a 2 km/hora (Apêndice A). Não seria de esperar que esta velocidade média constituísse um obstáculo à migração de pessoas e animais após a saída da Arca de Noé.

5. Um versículo bíblico consistente com a geotectónica extensional

A Éber nasceram dois filhos: o nome de um era Pelegue, porque nos seus dias a terra foi dividida, e o nome do seu irmão era Joctan (Génesis 10:25 e 1 Crónicas 1:19 ESV).

Henry M. Morris, no seu livro de 1984, *The Biblical Basis for Modern Science*, indicou que, uma vez que a palavra para "dividido", usada em relação à divisão das línguas (hebraico parad), era diferente da usada nos dias de Pelegue (hebraico *palag*), quando a terra foi dividida (Génesis 10:25), existia a possibilidade de estarem em vista duas divisões diferentes, uma das nações, a outra uma divisão física dos continentes. Peleg nasceu cerca de um século depois do dilúvio de Noé e viveu até à idade de 239 anos. Um estudioso do hebraico concluiu, a partir de dados linguísticos detalhados, que Génesis 10:25 se referia a uma divisão da massa terrestre pela água numa catástrofe bíblica pós-diluviana (Northrup 1979, 2004).

O dicionário hebraico Strong's indica significados relevantes para a rutura continental e a água. O nome de Peleg (número H6389), segundo o Strong's, significa terramoto. A palavra traduzida em inglês como "divided" (palag, H6385) também tem o significado de dividir (literal ou figurativamente). H6388 (peleg) vem de H6385; um regato (ou seja, um pequeno canal de água, como na irrigação), rio, riacho.

(https://www.htmlbible.com/sacrednamebiblecom/kjvstrongs/STRHEB 63.htm)

Esta evidência linguística é consistente com a proposta de que o rifting continental e os movimentos relacionados ocorreram pouco depois do ano atual do Dilúvio de Noé (mas como consequência do recuo das águas do ano do Dilúvio). Isto encaixaria bem no modelo deste artigo de um cenário de secagem do Triásico e do fim do Dilúvio, uma vez que o rifting continental para o início da deriva começou realmente nessa altura (Kocsis e Scotese 2021) (Fig. 11).

Os versículos que descrevem a divisão da Terra ocorrendo durante os dias de Peleg são consistentes com a quebra da Pangea e a propagação do fundo do mar tendo ocorrido durante um período de tempo e possivelmente até mesmo durante os aproximadamente dois séculos da vida de Peleg.

G. Idade do Gelo Pleistocénica

De que ventre saiu o gelo, e quem deu à luz a geada do céu? (Jó 38:29 ESV).

A expansão dos fundos marinhos foi associada ao vulcanismo basáltico e ao aquecimento da água oceânica. A forte evaporação oceânica e os aerossóis vulcânicos foram então factores de redução das temperaturas e do início da Idade do Gelo do Pleistoceno (Oard 1987). O gelo fez descer o nível do mar e formaram-se desfiladeiros submarinos.

CONCLUSÃO

Os registos no livro do Génesis têm marcadores temporais e podem ser reconhecidas fases históricas sucessivas específicas. A partir do registo geológico, as fases históricas também podem ser reconhecidas. O desafio é como correlacionar os dois registos. A geologia regional e estudos de caso foram descritos. Um modelo bíblico de história da Terra jovem foi então desenvolvido de forma sucessiva, etapa por etapa. Evidências geológicas específicas ("ground truthing"), derivadas de uma extensa pesquisa bibliográfica, foram usadas para inferir processos em ordem histórica. Isto incluiu a destruição da topografia pré-diluviana, a transgressão marinha global, as fases de recuo e secagem, juntamente com as consequências do ano do Dilúvio. Considera-se que quase todo o registo neoproterozóico e fanerozóico sofreu o impacto do Dilúvio de Noé e das suas consequências.

O modelo aqui apresentado fornece um mecanismo para o início da propagação dos fundos marinhos e da tectónica de placas num quadro bíblico de uma Terra jovem. Existe uma coincidência temporal notável entre o baixo nível do mar no final do Permiano, a secagem continental significativa no Triássico e o início da desagregação do supercontinente. Proponho que as águas do Dilúvio de Noé regressaram aos locais de origem do Dilúvio e atingiram o topo do manto. A hidratação pela água do mar baixou a temperatura de fusão dos silicatos e a viscosidade no topo do manto. Este processo aumentou a convecção do manto, permitindo que o Gondwana continuasse a fender-se e que se verificasse a propagação do fundo do mar. As águas que fluem de um planalto da Antárctida para zonas onde as fontes de inundação tinham estado anteriormente activas permitiram que o Gondwana se afastasse. Os sedimentos da margem passiva mostram pouca deformação. Assim, num período de tempo bíblico, os sedimentos das margens passivas formaram-se relativamente rápido durante o espalhamento do fundo do mar, mas a sua

a deformação não foi catastrófica. No entanto, nas margens activas (de colisão), formaram-se novas montanhas.

Este artigo propõe um quadro bíblico que pode explicar sucessivamente, por ordem temporal, a origem de uma série de caraterísticas geológicas. Estas caraterísticas incluem a grande inconformidade do Carbonífero Médio, a chamada "Idade do Gelo" do Paleozoico Tardio, as medidas de carvão do Paleozoico Tardio, a Lacuna de Carvão; tipos de plantas ao longo do tempo, ciclotemas, paleodrenagem do Permiano e sedimentos em falta, indicadores de aridez em alguns estratos do Triássico, e o início mesozóico da propagação do fundo do mar juntamente com as margens passivas associadas.

O registo bíblico da fase de secagem do Dilúvio de Noé, no contexto das fases sucessivas, tem recebido pouca atenção na literatura criacionista da Terra jovem. Espera-se que a informação geocientífica recentemente apresentada ajude a preencher uma lacuna nos modelos do Ano do Dilúvio e encoraje mais discussão, especialmente no que respeita aos estratos que representam o período final do Dilúvio. Os estágios sucessivos (não negligenciando o estágio de secagem) merecem mais investigação e correlação com a geologia regional de províncias específicas do globo.

Uma sequência de eventos geológicos bíblicos e da Terra jovem foi desenvolvida usando estudos de caso de geologia regional derivados de uma extensa pesquisa bibliográfica. Este novo modelo de geohistória criacionista da Terra jovem, que incorpora a expansão do fundo do mar desencadeada pelo recuo das águas do Dilúvio de Noé, está resumido no Apêndice D.

REFERÊNCIAS

Ager, D.V. 1973. *The Nature of the Stratigraphic Record*. Londres: Macmillan.

Akridge, A.J., C. Bennett, C.R. Froede, P. Klevberg, M. Molen, M.J. Oard, J.K. Reed, D. Tyler e T. Walker. 2007. Creationism and Catastrophic Plate Tectonics. *Creation Matters* 12(3),no. 1, 6-8.

Austin, S.A., J.R. Baumgardner, D.R. Humphreys, A.A. Snelling, L. Vardiman, L., e K.P. Wise. 1994. Catastrophic Plate Tectonics: Um Modelo Global de Inundação da História da Terra. Em R.E. Walsh (editor), *Proceedings of the Third International Conference on Creationism,* pp. 609-621. Pittsburgh, Pennsylvania: Creation Science Fellowship.

Baillie, P.W., C.McA. Powell, Z.X. Li, e A.M. Ryall. 1994. A Estrutura Tectónica das Bacias Sedimentares Neoproterozóicas a Recentes da Austrália Ocidental. In *Proceedings of the West Australian Basins Symposium, Perth, Western Australia*, August 14-17, 1994, pp 45-62, Petroleum Exploration Society of Australia. Secção da Austrália Ocidental.

Baumgardner, J. 1994. Runaway Subduction as the driving Mechanism for the Genesis Flood. Em R.E. Walsh, R (editor), *Proceedings of the Third International Conference on Creationism.* pp. 63-75. Pittsburgh, Pennsylvania: Creation Science Fellowship.

Baumgardner, J. 2018. Compreender como se formou o registo sedimentar do Dilúvio: O papel dos grandes tsunamis. Em J.H. Whitmore (editor), *Proceedings of the Eighth International Conference on Creationism,* pp. 287-305. Pittsburgh, Pennsylvania: Creation Science Fellowship.

Benicio J.R.W., A. Jasper, R. Spiekermann, L. Garavaglia, E.F. Pires- Oliveira, N.T.G. Machado, et al. 2019. Paleo-incêndios florestais recorrentes em uma camada de carvão Cisuraliano: Uma visão paleobotânica sobre carvões de alta inertinita do Permiano Inferior da Bacia do Paraná, Brasil. *PLoS ONE* 14, no. 3:e0213854. DOI:10.1371/journal.pone.0213854

Bercovici, D. 2003. A geração da tectónica de placas a partir da convecção do manto. *Earth and Planetary. Science Letters* 205:107-121. DOI: 10.1016/S0012-821X(02)01009-9

Birgenheier, L.P., B. Horton, A.D. McCauley, C.L. Johnson e A. Kennedy. 2017. Um modelo deposicional para depósitos offshore do membro inferior do Blue Gate, Mancos Shale, Uinta Basin, Utah, EUA. *Sedimentologia* 64:1402-1438. DOI: 10.1111/sed.12359

Blake, B.M. e J.D. Beuthin. 2008. Deciphering the midCarboniferous eustatic event in the central Appalachian foreland basin, southern West Virginia, USA. *in* Fielding, C.R., Frank, T.D., and Isbell, J.L., eds., Resolving the Late Paleozoic Ice Age in Time and Space: *Geological Society of America Special Paper* 441:249-260.

DOI:10.1130/2008.2441(17)

Blakey, R.C. 2008. Gondwana paleogeography from assembly to breakup-A 500 m.y. odyssey, *in* Fielding, C.R., T.D. Frank, and J.L. Isbell, eds. Resolving the Late Paleozoic Ice Age in Time and Space: *Geological Society of America Special Paper* 441:1-28. DOI: 10.1130/2008.2441(01).

Bois, C., P. Bouche e R. Pelet. 1982. Global Geologic History and Distribution of Hydrocarbon Reserves (História Geológica Global e Distribuição de Reservas de Hidrocarbonetos). *Boletim da Associação Americana de Geólogos do Petróleo* 66, no. 9:1248-1270.

Bond, G.C., N. Christie-Blick, e M.A. Kominz. 1984. Break-up of a supercontinent between 635 Ma and 555 Ma: New evidence and implications for continental histories. *Earth and Planetary Science Letters* 70:325-345. DOI: 10.1016/0012-821X(84)90017-7.

Borsch, K., J.H. Whitmore, R. Strom e G. Hartree. 2018. O significado das micas em antigos arenitos com camadas cruzadas. Em *Proceedings of the Eighth International Conference on Creationism*, ed., J.H. Whitmore, pp. J.H. Whitmore, pp. 306-326. Pittsburgh, Pennsylvania: Creation Science Fellowship.

Boyd, S.W. 2016. A última semana antes do dilúvio: Noé em férias ou trabalhando mais do que nunca? *Answers Research Journal* 9:197-208.

Bradley, D.C. 2008. Margens passivas ao longo da história da Terra. *EarthScience Reviews* 91:1-26. DOI:10.1016/j.earscirev.2008.08.001

Braimridge, M. e P. Commander. 2005. The Wheatbelt's ancient rivers. *Water notes* 34. outubro de 2005. Departamento do Ambiente.

Britânica. Calcrete. Recuperado em 22 de novembro de 2021 de https://www.britannica.com/science/calcrete

Brown, W.T. 2008. *In the Beginning: Evidências convincentes para a criação e o dilúvio.* 8ª edição. Phoenix, Arizona. Centro para a Criação Científica.

Buatois, L.A., C.C. Labandeira, M.G. Mangano, A. Cohen e S. Voigt. 2016. Capítulo 11 A Revolução Lacustre Mesozóica em M.G. Mangano e L.A. Buatois (eds.), *O Registro Fóssil de Traços de Grandes Eventos Evolutivos*, Tópicos em Geobiologia 40, Springer Science + Business Media Dordrecht 2016. DOI: 10.1007/978-94-017- 9597-5_11.

Burke, K. e Y. Gunnell. 2008. A Superfície de Erosão Africana: A Continental-Scale Synthesis of Geomorphology, Tectonics, and Environmental Change over the Past 180 Million Years. Memória 201 *da Sociedade Geológica da América.* DOI:10.1130/2008.1201.

Cai, Y-F., H. Zhang, C-Q. Cao, Q.-F. Zheng, C.-F. Jin, e S.-Z. Shen. 2021. Incêndios florestais e desmatamento durante a transição Permiano-Triássico no sul da Bacia de Junggar, noroeste da China. *EarthScience Reviews* 218:103670.

DOI:10.1016/j.earscirev.2021.103670.

Cairncross, B., I.G. Stanistreet, T.S. McCarthy, W.N. Ellery, K. Ellery e T.S.A. Grobicki. 1998. Paleocanais (stone-rolls) em veios de carvão: Análogos modernos de depósitos fluviais do Delta do Okavango, Botswana, África Austral. *Geologia Sedimentar* 57:107-118.

DOI:10.1016/0037-0738(88)90020-6.

Cant, D.J. 1982. Modelos de fácies fluviais e sua aplicação. *Em* Scholle, P.A. e D. Spearing eds, *Sandstone Depositional Environments*. American Association of Petroleum Geologists publishers.

Cattaneo, A. e R.J. Steel. 2003.Transgressive deposits: a review of their variability. *Earth Science Reviews* 62:187-228.

Chaithong, T., D. Komori, Y. Sukegawa, e S. Anzai. 2018. Estimativa do recrutamento de detritos lenhosos num riacho causado por um deslizamento de terras induzido por um tufão: um estudo de caso do tufão Lionrock em Iwaizumi, prefeitura de Iwate, Japão. *Geomatics, Natural Hazards and Risk* 9(1):1071-1084.

Chase, C.G. e D.R. Sprowl. 1983. The modern geoid and ancient plate boundaries. *Earth and Planetary Science Letters* 63:314-320.

Chaturvedi, R.K., A.S. Raghubanshi, e J.S. Singh. 2013. Estimativa não destrutiva da biomassa das árvores utilizando a gravidade específica da madeira no estimador. *National Academy Science Letters* 33(5&6):133-138.

Chen, X.Y., M.J. Lintern, e I.C. Roach. 2002. *Calcrete: caraterísticas, distribuição e utilização na exploração mineral.* Centro de Investigação Cooperativa para Ambientes Paisagísticos e Exploração Mineral.

Chen, Z.Q., A.D. George e W.-R. Yang. 2009. Efeitos das alterações do nível do mar no Permiano Médio-Tardio e da extinção em massa na formação do monte esquelético de Tieqiao na área de Laibin, Sul da China. *Austrália Jornal de Ciências da Terra* 56(6):745-763. DOI: 10.1080/08120090903 002581.

Chumakov, N.M. e M.A. Zharkov. 2003. Climate during the Permian-Triassic Biosphere Reorganizations. Artigo 2. Clima do Permiano Final e do Triássico Inicial: Inferências gerais. *Stratigraphy and Geological Correlation* 11(4):361-375.

Clarey, T.L. 2016. Os dados empíricos apoiam a propagação do fundo do mar e a tectónica de placas catastrófica. *Journal of Creation* 30(1):76-82.

Clarey, T.L. 2017. A hipótese da floresta flutuante não consegue explicar leitos de carvão posteriores e maiores. *Jornal da Criação* 31(3): 12-14.

Clarey, T.L. 2022. Dados da Ásia confirmam inundação global progressiva. *Actos & Factos* 51(7).

Clarey, T.L. e D.J. Werner. 2018. Uso de megasequências sedimentares para recriar a geografia pré-diluviana. Em J.H. Whitmore (editor), *Proceedings of the Eighth*

International Conference on Creationism, pp. 351-372. Pittsburgh, Pennsylvania: Creation Science Fellowship.

Clark, H.W. 1946. *The New Diluvialism*. Science Publications, Angwin, Califórnia.

Cook, P.J. e J.H. Shergold. 1984. Phosphorus, phosphorites and skeletal evolution at the Precambrian-Cambrian boundary. *Nature* 308:231-236.

Craddock, J.P., R.W. Ojakangas, D.H. Malone, A. Konstantinou, A. Mory, W. Bauer, R.J. Thomas, A.S. Craddock, K. Pauls, U. Zimmerman, G. Botha, A. Rochas-Campos, E. Tohver, C. Riccominin, J. Martin, J. Redfern, M. Horstwood e G. Gehrels. 2019. Proveniência de zircão detrítico de diamictitos glaciais Permo-Carboníferos em todo o Gondwana. *Earth-Science Reviews* 192:285-316.

Crostella, A., e J. Backhouse. 2000. Geology and petroleum exploration of the central and southern Perth Basin, Western Australia. Relatório *do Serviço Geológico da Austrália Ocidental* 57.

Dai, S., A. Bechtel, C.F. Eble, R.M. Flores, D. French, I.T. Graham, M.M. Hood, J.C. Hower, V.A. Korasidis, T.A. Moore, W. Puttmann, Q. Wei, L. Zhao, e J.M.K. O'Keefe. 2020. Reconhecimento de ambientes de deposição de turfa no carvão: uma revisão. *Jornal Internacional de Geologia do Carvão* 219:103383.

Danise, S. e S.M. Holland. 2018. Uma estrutura estratigráfica de sequência para o Jurássico médio a tardio do Sundance Seaway, Wyoming: Implicações para Correlação, Evolução da Bacia e Mudanças Climáticas. *Jornal de Geologia* 126:371-405.

de Lamotte, D. F., B. Fourdan, S. Leleu, F. Leparmentier, e P. de Clarens. 2015. Estilo de rifting e os estágios da rutura de Pangea. *Tectónica* 34:1009-1029. DOI:10.1002/2014TC003760.

Dickens, H. 2016. A 'Grande Inconformidade' e Evidências Geoquímicas Associadas para a Erosão do Dilúvio Noéico. *Journal of Creation* 30(1):8-10.

Dickens, H. 2018. Evidências de fontes do Dilúvio adjacentes à margem cratônica do sudoeste da Austrália. *Jornal da Criação* 32(1): 16-20.

Dickens, H. 2022. Um modelo proposto para a secagem e estágios relacionados do Dilúvio de Noé. *Origin Research Journal* 2(1):38-64.

Dickens, H. e A. Hutchison. 2021a. O Dilúvio varreu as vidas pré-diluvianas! *Journal of Creation Theology and Science Series C: Earth Sciences* 11:1-4 Creation Geology Society Annual Conference Abstracts 2021.

Dickens, H. e A. Hutchison. 2021b. Geochemical and related evidence for early Noah's Flood year. *Journal of Creation* 35(1):78-88.

Dickinson, W.R. 2004. Evolution of the North American Cordillera. *Revista Anual de Ciências da Terra e Planetárias* 32:13-45. DOI: 10.1146/annurev.earth.32.101802.120257.

Dillinger, A., A.D. George, e L.A. Parra-Avila. 2018. Proveniência de sedimentos do início do Permiano e reconstruções paleogeográficas no sudeste de Gondwana usando geocronologia de zircão detrítico Bacia do Norte de Perth, Austrália Ocidental. *Gondwana Research* 59:57-75.

Dirks, P.H.G.M, T.G. Blenkinsop e H.A. Jelsma. 2003. A Evolução Geológica de África. *Em* deVivo, B, Stuwe, K. e

Grasemann, B. (eds) *Encyclopedia of Life Support Systems* 6:15.

Geologia. EOLSS Publishers, Oxford, Reino Unido.

Dunkin, C. 2022. Science Trips - Mauritius Underwater Waterfall and how it was formed. https://blazetrends.com/science-trips-mauritius- underwater-waterfall-and-how-it-was-formed/ Acedido em 10 de janeiro de 2023.

Dong, M. 2021. A mais severa regressão e extinção do nível do mar da Terra digitalizada. Research Square. Pré-impressão submetida ao *Scientific Report*. DOI: 10.21203/rs.3.rs-400115/v1.

Dyer, B., A.C. Maloof, e J.A. Higgins. 2015. Glacioeustasy, diagénese meteórica e o ciclo do carbono durante o Carbonífero Médio. *Geochemistry, Geophysics, Geosystems* 16:3383-3399. DOI:10.1002/2015GC006002.

Elkins-Tanton, L.T., S.E. Grasby, B.A. Black, R.V. Veselovskiy, O.H. Ardakani, e F. Goodarzi. 2020. Evidências de campo para a combustão de carvão ligam as armadilhas siberianas de 252 Ma com a rutura global de carbono. *Geology* 48:986-991.

Erwin, D.H. 1990. The End-Permian mass extinction. *Annual Review of Ecology and Systematics* 21:69-91.

Eyles, N., A.J. Mory, e J. Backhouse. 2002. Carboniferous palynostratigraphy of West Australian marine rift basins: resolving tectonic and eustatic controls during Gondwanan glaciations. *Palaeogeography, Palaeoclimatology Palaeoecology* 184:305-319.

Eyles, N., A.J. Mory, e C.H. Eyles. 2006. Registo de 50 milhões de anos de ambientes marinhos glaciais a pós-glaciais preservados num graben do Carbonífero-Permiano Inferior, Bacia do Norte de Perth, Austrália Ocidental. *Journal of Sedimentary Research* 76:618-632.

Fedorchuk, N.D., J.L. Isbell, N.P. Griffis, I.P. Montanez, F.F. Vesely, R. Iannuzzi, R. Mundil, Q.-Z. Yin, K.N. Pauls, e E.L.M. Rosa. 2019. Origem dos paleovales no Escudo do Rio Grande do Sul (Brasil): Implicações para a extensão da glaciação paleozóica tardia no centro-oeste do Gondwana. *Palaeogeography, Palaeoclimatology, Palaeoecology* 531(Part B):108738.

Fielding, C.R., T.D. Frank, e J.L. Isbell. 2008, The late Paleozoic ice age - A review of current understanding and synthesis of global climate patterns, *in* Fielding, C.R., Frank, T.D., and Isbell, J.L., eds., Resolving the Late Paleozoic Ice Age in Time and Space. *Geological Society of America Special Paper* 441:343-

354, DOI: 10.1130/2008.2441(24).

Finkl, C.W. e R.W. Fairbridge. 1979. Evolução paleogeográfica de uma margem cratônica rifteada: S.W. Austrália. *Palaeogeography, Palaeoclimatology and Palaeoecology* 26:221-252.

Foffa, D., M.T. Young, e S.L. Brusatte. 2018. Preenchendo a lacuna coraliana: Novas informações sobre as faunas de répteis marinhos do Jurássico tardio da Inglaterra. *Ata Palaeontologica Polonica* 63(2):287-313.

Ford, D. e J. Golonka. 2003. Paleogeografia fanerozóica, paleoambiente e mapas de litofácies das margens circum-atlânticas. *Marine and Petroleum Geology* 20:249-285.

Frakes, L.A. 1979. *Climates throughout geologic time*: Elsevier, Amesterdão, Países Baixos.

Frazier, W.J., e D.R. Schwimmer. 1987. *Regional Stratigraphy of North America.* Plenum Press, Nova Iorque.

Freeman, M.J. 2001. Sistema de paleodrenagem do rio Avon, Austrália Ocidental: evolução geomorfológica e questões ambientais relacionadas com a geologia. *Publicação Especial da Sociedade Geológica da Austrália* 21:3747.

Frimmel, H.E., M.S. Basel, e C. Gaucher. 2011. Evolução geodinâmica neoproterozóica do SW-Gondwana: uma perspetiva da África Austral. *Jornal Internacional de Ciências da Terra* 100:323-354.

Gao, P., S. Li, G.G. Lash, Z. He, X. Xiao, D. Zhang e Y. Hao. 2020. Silicificação e ciclo de Si em um oceano rico em sílica durante a transição Ediacarana Cambriana. *Geologia Química* 552:119787.

Gastaldo, R.A., M. Bamford, J. Calder, W.A. DiMichele, R. Iannuzzi, A. Jasper, H. Kerp, S. McLoughlin, S. Oplustil, H.W. Pfeffrkorn, R. RoBler e J. Wang. 2020. As fazendas de carvão do Paleozoico tardio. E. Martinetto et al. (eds.) *Nature through Time*, Springer Textbooks in Earth Sciences, Geography and Environment. DOI:10.1007/978-3-030- 35058-1 13.

Gersib, G.A. e P.J. McCabe. 1981. Sedimentos carboníferos continentais da Formação Port Hood (Carbonífero), Cabo Linzee, Nova Escócia, Canadá. *SEPMSpecial Publication* 31:95-108.

Gibbons, A. D., J.M. Whittaker, e R.D. Muller. 2013. A rutura do Gondwana Oriental: Assimilando restrições de bacias oceânicas do Cretáceo em torno da Índia em um modelo tectônico mais adequado. *Journal of Geophysical Research: Solid Earth* 118:808-822.

Glass, G.B., ed. 1980. Guidebook to the coal geology of the Powder River Basin, Wyoming. *Circular de Informação Pública* 14 *do Serviço Geológico do Wyoming.*

Golonka, J. e W. Kiessling. 2002. Phanerozoic time-scale and definition of time slices. Phanerozoic Reef Patterns. *Publicação Especial SEPM* 72:11-20.

Gradstein, F.M., J.G. Ogg, M.D. Schmitz, e G.M. Ogg. 2020.

Escala de Tempo Geológico 2020. Elsevier.

Grasby, S.E., H. Sanei, e B. Beauchamp. 2011. Catastrophic dispersion of coal fly ash into oceans during the latest Permian extinction. *Nature Geoscience* 4:104-107.

Guiraud, R., W. Bosworth, J. Thierry e A. Delplanque. 2005. Phanerozoic geological evolution of Northern and Central Africa: Uma visão geral. *Journal of African Earth Sciences* 43:83-143.

Gurnis, M. 1988. Large-scale mantle convection and the aggregation and dispersal of supercontinents. *Nature* 332:695-699.

Hagen-Kristiansen, A. 2017. *Desenvolvimento deposicional numa bacia de terra seca: A Formação Morrison, Leste de Utah, EUA.* (tese de mestrado). Universidade de Oslo.

Haig, D.W., E. McCartain, A.J. Mory, G. Borges, V.I. Davydov, M. Dixon, A. Ernst, S. Groflin, E. Hakansson, M. Keep, Z.D. Santos, G.R. Shi, J. Soares. 2014. Deposição de carbonato marinho raso pós-glacial do início do Permiano tardio Sakmarian-early Artinskian) ao longo de um transecto de 2000 km de Timor para o oeste da Austrália. *Paleogeografia, Paleoclimatologia, Paleoecologia* 409:180 - 204.

Hallam, A. 1981. *Facies interpretation and the stratigraphic record.* W.H. Freeman and Company. Oxford e São Francisco.

Hallam, A. 1984. Pre-Quaternary Sea-level Changes. *Annual Review of Earth and Planetary Sciences* 12:205-243.

Hallam, A. 1992. *Phanerozoic Sea-level Changes.* Columbia University Press, Nova Iorque.

Hallam, A. e P.B. Wignall. 1999. Extinções em massa e alterações do nível do mar. *Earth-Science Reviews* 48(4):217-250.

Harris, P.T. e T. Whiteway. 2011. Distribuição global de grandes canyons submarinos: diferença geomórfica entre margens continentais activas e passivas. *Marine Geology* 285:69-86.

Hauser, M., D. Vachard, e R. Martini. 2000. A sequência do Permiano reconstruída a partir de clastos de carbonato retrabalhados na planície de Batain (nordeste de Omã). *Ciências da Terra e Planetárias* 330:273-279.

Haq, B.U. e S.R. Schutter. 2008. A chronology of Paleozoic SeaLevel Changes. *Science* 322:64-68.

Heilbronn, K., I. Gonzalez-Ivarez, e J. Klump. 2018. *Ligação tectónica à evolução do paleovalley do sudoeste da Austrália* (tese de estudante). Programa de Estágio em Recursos Minerais, Austrália, EP191066.

Hoffman, P.F. 1989. Geologia pré-cambriana e história tectónica da América do Norte In *The Geology of North America; An Overview*, eds. A.W. Bally e A.R. Palmer, pp 447-512. Geological Society of America.

Holser, W.T. e M. Magaritz. 1987. Eventos perto do limite Permiano-Triássico.

Geologia Moderna 11(2):155-180.

Isbell, J.L., M.F. Miller, K.L. Wolfe, e P.A. Lenaker. 2003. Timing of late Paleozoic glaciation in Gondwana: A glaciação foi responsável pelo desenvolvimento dos ciclotemas do hemisfério norte? *Geological Society of America Special Paper* 370:5-24.

Jasper, A., A. Pozzebon-Silva, J. Siqueira Carniere e D. Uhl. 2021. Incêndios paleozoicos e mesozoicos: Uma visão geral dos avanços no século 21st. *Journal of Palaeosciences* 70:159-171.

Jablonski, D. 1986. Causes and consequences of mass extinctions (Causas e consequências das extinções em massa). Em D.K. Elliott, ed. *Dynamics of Extinction*, pp 183-229. Wiley, Nova Iorque

Karlstrom, K., L. Crossey, A. Mathis e C. Bowman. 2021. Contando o tempo no Parque Nacional do Grand Canyon: atualização de 2020. *Relatório de Recursos Naturais NPS/GRCA/NRR-2021/2246*. Serviço Nacional de Parques, Fort Collins, Colorado. DOI:10.36967/nrr-2285173.

Karni, J. e E.Y. Karni. 1995. O gesso na construção: origem e propriedades. *Materiais e Estruturas* 28:92-100.

Kocsis, A.T. e C.R. Scotese. 2021. Mapeamento de paleocostas e inundações continentais durante o Fanerozoico. *Earth-Science Reviews* 213:103463.

Le Blanc Smith, G. 1993. Geologia e recursos carboníferos do Permiano da Bacia de Collie, Austrália Ocidental. *Serviço Geológico do Oeste*
Relatório 38 da Austrália.

Le Blanc Smith, G., e A.J. Mory. 1995. Geology and Permian coal resources of the Irwin Terrace, Perth Basin, Western Australia. *Relatório do Serviço Geológico da Austrália Ocidental* 44.

Li, Z., D. Wang, D. Lv, Y. Li, H. Liu, P. Wang, Y. Liu, J. Liu e D.
Li. 2018. As configurações geológicas dos depósitos de carvão chineses. *Revista Internacional de Geologia* 60(5-6):548-578.

Lord, J. H. 1952. Campo Mineral de Collie. *Boletim do Serviço Geológico da Austrália Ocidental* 105, pt. 1.

Lowry, D.C. 1976. História tectónica da Bacia de Collie, Austrália Ocidental. *Journal of the Geological Society of Australia* 23(1):95-104.

Lucien, N.L. 2014. Origem e distribuição da inconformidade do limite Mississippiano-Pensilvaniano em sucessões de carbonato marinho com um estudo de caso do desenvolvimento cárstico no topo da Formação Madison na Bacia de Bighorn, Wyoming. *Dissertações e Teses em Ciências da Terra e da Atmosfera.* 59. http://digitalcommons.unl.edu/geoscidiss/59

Mabesoon, J.M., V.L. Fulfara e K.Suguio. 1981. Sequências sedimentares fanerozóicas da plataforma sul-americana. *Earth-Science Reviews* 17:49-67.

Maruyama, S. e J.G. Liou. 2005. From Snowball to Phanerozoic. *International*

Geology Review 47:775-791.

Matthews, S.C. e J.W. Cowie. 1979. Early Cambrian transgression. *Journal of the Geological Society of London* 136:133-135.

McDannell, K.T., C.B. Keller, W.R. Guenther, P.K. Zeitler e D.L. Shuster. 2021. Restrições termocronológicas sobre a origem da Grande Inconformidade. *PNAS* 119(5):e2118682119.

McLoughlin, S. 2017. Florestas de Glossopteris da Antártica. Em *52 More Things You Should Know About Palaeontology* Eds A. Cullum, A.W. Martinius e M. Hall. pp.22-23. Agile Libre.

Menzies, C.D., D.A.H. Teagle, S. Niedermann, S.C. Cox, D. Craw, M. Zimmer, M.J. Cooper e J. Erzinger. 2016. O orçamento de fluidos de um limite de placa continental: Quantificação a partir da Falha Alpina, Nova Zelândia. *Earth and Planetary Science Letters* 445:125-135.

Merriam, D.F. 2005. Interior Continental da América do Norte. Eds Selley, R.C., L.R.M. Cocks, e I.R. Plimer. *Enciclopédia de Geologia* 21-36. Elsevier.

Michaelsen, B.H. e D.M. McKirdy. 1989. Organic facies and petroleum geochemistry of the lacustrine Murta Member (Mooga Formation) in the Eromanga Basin, Australia. *Actas da Conferência das Bacias de Cooper e Eromanga (1989).* Sociedade de Exploração Petrolífera da Austrália (PESA).

Montanez, I.P. e C.J. Poulsen. 2013. A Idade do Gelo do Paleozoico Tardio: Um Paradigma em Evolução. *Revisão Anual de Ciências da Terra e Planetárias* 41: 629-56.

Morris, H.M. 1984. *The Biblical Basis for Modern Science [A Base Bíblica para a Ciência Moderna]*. Baker Book House, Grand Rapids, Michigan.

Morton, G. R. 1984. Global, Continental and Regional Sedimentation Systems and their Implications (Sistemas de Sedimentação Global, Continental e Regional e suas Implicações). *Creation Research Society Quarterly*, junho de 1984, pp 23-33.

Mory, A. J., D.W. Haig, S. McLoughlin, e R.M. Hocking. 2005. Geology of the northern Perth Basin, Western Australia - a field guide. Registo *do Serviço Geológico da Austrália Ocidental* 2005/9.

Mory, A.J., J. Redfern, e J.R. Martin. 2008. A review of Permian- Carboniferous glacial deposits in Western Australia. *in* Fielding, C.R., Frank, TD, and Isbell, J.L., eds., Resolving the Late Paleozoic Ice Age in Time and Space. *Geological Society of America Special Paper* 441:29-40.

Muller, D., S. Zahirovic, S. Williams, J. Cannon, M. Seton, D. Bower, M. Tetley, C. Heine, E. LeBreton, S. Liu, S. Russell, T. Yang, J. Leonard, e M. Gurnis. 2019. Um modelo de placa global incluindo a deformação litosférica ao longo dos principais rifts e orógenos nos últimos 240 milhões de anos. *Resumos de Pesquisa Geofísica* 21: EGU2019-14273.

Nance, R., e J. Murphy, J. 2018. Supercontinentes e o caso de Pannotia, *em* Wilson,

R., Houseman, G., McCafrey, K., Dore, A., Buiter, S. (Eds.), *Cinquenta anos do conceito de ciclo de Wilson em tectônica de placas*. Geological Society, Londres. 470:65-85.

Nelsen, M.P., W.A. DiMichelle, S.E. Peters, e C.K. Boyce. 2016. A evolução atrasada dos fungos não causou o pico paleozoico na produção de carvão. *PNAS* 113(9):2442-2447.

Northrup, B.E. 1979. Continental Drift And The Fossil Record [A Deriva Continental e o Registo Fóssil]. *Central Bible Quarterly* 22(4):2-27.

Northrup, B.E. 2004. The Grand Canyon and Biblical Catastrophes (O Grand Canyon e as Catástrofes Bíblicas). *Chafer Theological Seminary Journal* 10(2):74-101.

Norvick, M.S. 2004. História Tectónica e Estratigráfica da Bacia de Perth. *Registo da Geoscience Australia* 2004/16.

Oard, M.J. 1987. An ice age within the Biblical time frame. Em Walsh, R.E., Brooks, C.L. e Crowell, R.S. (editores), *Proceedings of the First International Conference on Creationism*, pp. 157-166. Pittsburgh, Pennsylvania: Creation Science Fellowship.

Oard, M.J. 1997. *Antigas eras glaciares ou gigantescos deslizamentos de terra submarinos?* Creation Research Society Monograph Series, No. 6. Creation Research Society Books. P.O. Box 8263, St Joseph, MO 64508-8263.

Oard, M.J. 2004. *Frozen in Time: The Woolly Mammoth, the Ice Age and the Bible [Congelado no Tempo: O Mamute Lanoso, a Idade do Gelo e a Bíblia]*. Master Books.

Olierook, H.K.H., M. Barham, I.C.W. Fitzsimons, N.E. Timms, Q. Jiang, N.J. Evans e B.J. McDonald. 2019. Controles tectônicos na evolução da proveniência de sedimentos em bacias de rifte: Análise de isótopos de zircão detrítico U-Pb e Hf da Bacia de Perth, Austrália Ocidental. *Gondwana Research* 66:126-142.

Olierook, H.K.H., F. Jourdan, R.E. Merle, N.E. Timms, N. Kusznir, e J.R. Muhling. 2016. Basalto de Bunbury: Produtos da rutura do Gondwana ou vestígios mais antigos da pluma mantélica de Kerguelen? *Earth and Planetary Science Letters* 440:20-32.

Olierook, H.K.H., N.E. Timms, R.E. Merle, F. Jourdan, e P.G. Wilkes. 2015. Paleodrenagem e desenvolvimento de falhas no sul da Bacia de Perth, Austrália Ocidental, durante e após a separação de Gondwana a partir da modelação 3D do basalto de Bunbury. *Australian Journal of Earth Sciences* 63(3):289-305.

Oplustil, S., J. Laurin, L. Hylova, J. Jirasek, M. Schmitz e M. Sivek. 2022. Ciclos fluviais carboníferos dos trópicos do Paleozoico tardio; controlo astronómico sobre o fornecimento de sedimentos limitado por idades radioisotópicas de alta precisão, Bacia da Alta Silésia. *Earth-Science Reviews* 228(103998):1-34.

Orem, W.H. e R.B. Finkelman. 2003. Coal Formation and Geochemistry. *Tratado de Geoquímica* **7**:191-222.

Pang, M. 1995. *Subsidência Tectónica da Bacia do Interior Ocidental Cretácico, Estados Unidos.* (Dissertação de doutoramento). Universidade Estadual da Louisiana. https://digitalcommons.lsu.edu/gradschool_disstheses/5926

Park, L.E. e E.H. Gierlowski-Kordesch 2005. Paleobiogeografia e história evolutiva das faunas lacustres paleozóicas. *Paleontological Society Papers* V.11:49-76.

Peters, S.E. 2006. Macrostratigraphy of North America (Macroestratigrafia da América do Norte). *Journal of Geology* 114:391-412.

Peters, S.E. 2011. Uma nova visão do registo de rochas sedimentares. *The Outcrop 2011*,12-14. Departamento de Geociências, Universidade de Wisconsin-Madison.

Peters, S.E. e R.R. Gaines. 2012. Formação da 'Grande Inconformidade' como um gatilho para a explosão cambriana. *Natureza* 484:363-366. DOI: 10.1038 /nature10969.

Peters, S.E., D.P. Quinn, J.M. Husson e R.R. Gaines. 2022. Macrostratigraphy: Insights into Cyclic and Secular Evolution of the Earth-Life System. *Revisão Anual das Ciências da Terra e Planetárias* 50:419-449. DOI: 10.1146/annurev-earth-032320-081427.

Phillips, J. 1840. Palaeozoic Series. Em Long, G. (ed), *The Penny Cyclopaedia of the Society for the Diffusion of Useful Knowledge.* London: Charles Knight 17:153154.

Picard, M.D. e L.R. High. 1972. Critérios para o reconhecimento de rochas lacustres. *Em* Recognition of Ancient Sedimentary Environments (Reconhecimento de Ambientes Sedimentares Antigos). Eds Rigby, J.K. e Hamblin, W.K. *Society of Economic Paleontologists and Mineralogists* 16:108-145.

Plant, J.A., A Whittaker, A. Demetriades, B. De Vivo e J. Lexa. 2005. The geological and tectonic framework of Europe. *FOREGS Geochemical Atlas of Europe*, Part 1: Background Information, Methodology and Maps, Geological Survey of Finland, Espoo. R. Salminen et al.

Prothero, D.R. e R.H. Dott, Jr. 2010. *Evolution of the Earth.* 8th ed. McGraw Hill.

Retallack, G.J., J.J. Veevers, e R. Morante. 1996. Global coal gap between Permian-Triassic extinction and Middle Triassic recovery of peat-forming plants. *Geological Society of America Bulletin* 108(2):195-207.

Robinson Roberts, L.N. e M.A. Kirschbaum. 1995. Paleogeografia do Cretáceo Superior do interior ocidental da América do Norte média: distribuição de carvão e acumulação de sedimentos. *U.S. Geological Survey Professional Paper* 1561.

Roney, R.O. 2013. *Variação paleobiogeográfica de Mecaster batnensis e Mecaster fourneli do Cretáceo (Echinoidea: Spatangoida)* (tese de mestrado). Universidade do Tennessee.

Ross, C.A. e J.R.P. Ross. 1988. Deposição transgressiva-regressiva do Paleozoico tardio. *Em* C.K. Wilgus et al., eds. *Sea-Level Change: An Integrated Approach.* Publicação Especial da Sociedade de Paleontólogos e Mineralogistas Económicos 42:227-247.

Ross C.A. e J.R.P. Ross. 1994. Permian sequence stratigraphy and fossil zonation. *Em* Beauchamp, B., Embry, A., Glass, D. eds. Pangea: global environments and resources. *Canadian Society of Petroleum Geologists Memoir* 17:219-231.

Sari, S.L., M.A. Rahmawati, A. Triyoga e Idarwati. 2017. Impacto do teor de enxofre na qualidade do carvão no ambiente deposicional da planície do delta: Estudo de caso no distrito de Geramat, Regência de Lahat, Sumatra do Sul. *Jornal de Geociências, Engenharia, Ambiente e Tecnologia* 2(3):183-190.

Saunders, W.B. e W.H.C. Ramsbottom. 1986. The midCarboniferous eustatic event. *Geologia* 14:208-2012.

Schopf, T.J.M. 1974. Permo-Triassic extinctions: relation to sea-floor spreading. *Journal of Geology* 82:129-143.

Selley, R.C. 1988. *Applied Sedimentology.* Academic Press.

Seton, M., R.D. Muller, S. Zahirovic, S. Williams, N. Wright, J. Cannon, J. Whittaker, K. Matthews, R. McGirr. 2020. Um conjunto de dados global da idade da crosta oceânica atual e parâmetros de espalhamento do fundo do mar. *Geochemistry, Geophysics, Geosystems* 21(10). DOI: 10.1029/2020GC009214.

Shao, L., X. Wang, D. Wang, et al. 2020. Estratigrafia de sequência, paleogeografia e regularidade de acumulação de carvão dos principais períodos de acumulação de carvão na China. *Revista Internacional de Ciência e Tecnologia do Carvão* 7:240-262.

Silvestru, E. 2000. Paleokarst - um enigma dentro da confusão. *Revista Técnica Criação Ex Nihilo* 14(3):100-108.

Sircombe, K.N. e M.J. Freeman. 1999. Proveniência de zircões detríticos na costa da Austrália Ocidental - Implicações para a história geológica da Bacia de Perth e desnudação do Cratão de Yilgarn. *Geologia* 27(10):879-882.

Sloss, L.L. 1964. Ciclos tectónicos do Cráton Norte-Americano. *Em* Merriam, ed., Simpósio sobre sedimentação cíclica. *Boletim do Serviço Geológico do Kansas* 169:449-459.

Snider-Pellegrini, A. 1858. *La Creation et ses Mysteres Devoiles.* A. Franck et E. Dentu, Paris.

Soares, P.C., P.M.B. Landim e V.J. Fulfaro. 1978. Ciclos tectônicos e seqüências sedimentares nas bacias intracratônicas brasileiras. *Geological Society of America Bulletin* 89:181-191.

Sobolev, S.V. e M.B. Brown. 2019. Os eventos de erosão da superfície controlaram a evolução da tectónica de placas na Terra. *Natureza* 570:52-57.

Spalletti, L.A., C.O. Limarino, e S. Geuna. 2010. O Paleozoico tardio do Gondwana Ocidental: New insights from South American records. *Geologica Ata* 8(4):341-347.

Strong, J. *Strong 's Hebrew Dictionary of the Bible*. www.bnpubling.com. 21 de maio[st], 2012.

Tewari, R.C. e J.J. Veevers. 1991. As bacias de Gondwana da Índia ocupam o meio de um sector de 7500 km de vales radiais e lóbulos no centro-leste de Gondwanaland. Em Findlay, R.H., Unrug, R., Banks, M.R. e Veevers, J.J. (editores), *Actas do Oitavo Simpósio de Gondwana*, Hobart, Tasmânia. 21-24 de junho de 1991.

Thomas, C.M. 2014. A estrutura tectônica da Bacia de Perth: compreensão atual. *Registo do Serviço Geológico da Austrália Ocidental* 2014/14.

Thorsteinsson, R. 1974. Estratigrafia do Carbonífero e do Permiano da Ilha Axel Heiberg e da Ilha Ellesmere ocidental, Arquipélago Ártico Canadiano. *Serviço Geológico do Boletim Canadiano* 224:1-115.

Torsvik, T., 2020. The Paleogeography of the Earth since the Precambrian, *em* Pesonen, L., Elming, S.A., Evans, D., Salminen, J., Veikkolainen, T. (Eds.) *Ancient Supercontinents and the Paleogeography of the Earth*. capítulo 17. Elsevier.

Torsvik, T.H. e L.R.M. Cocks. 2013. Gondwana do topo à base no espaço e no tempo. *Gondwana Research* 24:999-1030.

Torsvik, T. e L. Cocks. 2017. *História da Terra e Paleogeografia*. Cambridge University Press. DOI:10.1017/9781316225523.

Trotter, J.A., C. Pattiaratchi, P. Montagna, M. Taviani, J. Falter, R. Thresher, A. Hosie, D. Haig, F. Foglini, Q. Hua e M.T. McCulloch. 2019. Primeira exploração de ROV do Perth Canyon: Configuração do Canyon, Observações Faunísticas e Impactos Antropogénicos. *Fronteiras em Ciências Marinhas* 6:173. DOI: 10.3389/fmars.2019.00173.

Turner, S., L.B. Bean, M. Dettmann, J.L. McKellar, S. McLoughlin e T. Thulborn. 2009. Australian Jurassic sedimentary and fossil successions: current work and future prospects for marine and nonmarine correlation. *GFF* 131:49-70.

Vail, P.R., R.M. Mitchum, R.G. Todd, J.M. Widmier, S. Thompson, J.B. Sangree, J.N. Bubb, e W.G. Hatelid. 1977. *American Association of Petroleum Geologists Memoir* 26, 49-212.

Vajda, V., S. McLoughlin, C. Mays, T.D. Frank, C.R. Fielding, A. Tevyaw, V. Lehstein, M. Bocking e R.S. Nicoll. 2020. Desflorestação, incêndios florestais e inundações no final do Pérmico (252 Mya) - Uma antiga crise biótica com lições para o presente. *Ciências da Terra e Planetárias* 529(115875):1-13.

Valentine, J.W. e E. Moores. 1970. Regulação Platô-tectônica da Diversidade Faunística e do Nível do Mar: um Modelo. *Nature* 228:657-659.

van der Meer, D.G., D.J.J. van Hinsbergen, e W. Spakman. 2018. Atlas do submundo: restos de lajes no manto, sua história de afundamento e uma nova perspetiva sobre a viscosidade do manto inferior. *Tectonophysics* 723:309-448.

Veevers, J.J. 2006. História terrestre actualizada do Gondwana (Permiano-Cretáceo) da Austrália. *Gondwana Research* 9(3):231-260.

Veevers, J.J. 2009. Mid-Carboniferous Centralian uplift linked by U-Pb zircon chronology to the onset of Australian glaciation and glacio- eustasy. *Australian Journal of Earth Sciences* 56:711-717.

Veevers, J.J. e C.McA. Powell. 1987. Episódios glaciais do Paleozoico tardio em Gondwanaland reflectidos em sequências de deposição transgressivas-regressivas na Euramérica. *Geological Society of America Bulletin* 98:475-487.

Veevers, J.J., A. Saeed, e P.E.O. O'Brien. 2008. Proveniência das Montanhas Subglaciais de Gamburtsev a partir da análise U-Pb e Hf de zircões detríticos em sedimentos do Cretáceo ao Quaternário na Baía de Prydz e sob a Plataforma de Gelo Amery. *Sedimentary Geology* 211:12-32.

Veevers, J. J. e R.C. Tewari. 1995. Gondwana Master Basin of Peninsular India Between Tethys and the Interior of the Gondwanaland Province of Pangea. *Geological Society of America Memoir* 187:1-67.

Veevers, J.J., R.C. Tewari, e H.K. Mishra. 1994. Aspects of Late Triassic to Early Cretaceous Disruption of the Gondwana Coal-bearing Fan of East-Central Gondwanaland. No *Nono Simpósio Internacional de Gondwana*, Hyderabad, Índia, 10-14 de janeiro de 1994. pp. 637-646.

Veizer, J. e F.T. Mackenzie. 2014. Evolução das Rochas Sedimentares. *Tratado de Geoquímica*. 2nd Edition. 9:399-435).

Walker, T. 2012. Bacia carbonífera de Collie, Austrália Ocidental, preservada do recuo das águas do Dilúvio de Noé. http://biblicalgeology.net/blog/collie-coal-basin-western-australia 2012.

Warren, J.K., 2006. *Evaporites: Sediments, Resources and Hydrocarbons (Evaporitos: Sedimentos, Recursos e Hidrocarbonetos)*. Springer, Berlim.

Widdowson, M. 2009. Laterite. Capítulo em *Encyclopedia of Paleoclimatology and Ancient Environments*. Eds V. Gornitz. SpringerLink. DOI: 10.1007/978-1-4020-4411-3_127.

Wilde, S.A. e W. Walker. 1977. Paleocurrent diretions in the Permian Collie Coal Measures, Collie, Western Australia. *Relatório do Departamento de Minas, Austrália Ocidental para o ano de 1977*: 85-87.

Wilson, A.C. 1990. Collie Basin. *Geological Survey of Western Australia Memoir* 3:525-531.

Withjack, M.O., R.W. Schlische, e P.E. Olsen. 1998, Diachronous rifting, drifting, and inversion on the passive margin of central eastern North America: Um análogo para outras margens passivas. *Boletim da Associação Americana de Geólogos do Petróleo* 82:817-835.

Yeh, M.-W. e J.G. Shellnutt. 2016. A rutura inicial de Pangaea provocada pela deglaciação do Paleozoico tardio. *Scientific Report* 6:31442.

Zhang, G. e L. Mi. 2021. Facies sedimentares de estratos de sedimentos carbonáticos de plataforma clástica do mar epicontinental no campo de gás Daniudi, Bacia de Ordos. *Natural Gas* B8:239-251.

Zharkov, M.A. e N. M. Chumakov, N.M. 2001. Paleogeografia e Configurações de Sedimentação durante as Reorganizações Permiano-Triássicas na Biosfera. *Stratigraphy and Geological Correlation* 9(4):340-363.

Zhu, Z., Y. Liu, H. Kuang, M.J. Benton, A.J. Newell, H. Xu, W. An, S. Ji, S. Xu, N. Peng e Q. Zhai. 2019. Padrões fluviais alterados no norte da China indicam rápidas mudanças climáticas ligadas à extinção em massa do Permiano-Triássico. *Scientific Reports* 9:16818. https://DOI:10.1038/s41598-019-53321-z

APÊNDICE A
VELOCIDADE DE ABERTURA DO OCEANO ATLÂNTICO - ALGUNS CENÁRIOS

A largura máxima aproximada do atual Oceano Atlântico é de 1.600 km ou 990 milhas.

			Taxa média aproximada de abertura		
	Duração	Horas	km/h	mph	m/seg
	40 dias	960	1.67	1.03	0.46
	150 dias	3600	0.44	0.28	0.12
Ano de Inundação	1 ano	8760	0.18	0.11	0.05
	100 anos	876600	0.0018	0.0011	0.0005
Vida de Peleg	239 anos	2095074	0.0008	0.0005	0.0002

Todas estas taxas médias são inferiores ao ritmo médio de marcha e aparentemente não são catastróficas. No entanto, as taxas podem não ter sido suavemente uniformes, mas podem ter sido episódicas em algumas partes.

APÊNDICE B
INTERPRETAÇÃO DO NÍVEL DO MAR

Os geólogos da Exxon, Peter Vail e outros, estimaram as alterações do nível do mar utilizando a interpretação de secções sísmicas para determinar a extensão da sobreposição costeira evidente nos estratos das bacias sedimentares de todo o mundo (Vail et al. 1977). A sua motivação era comercial - para ajudar a encontrar petróleo e gás. A sua abordagem deu pistas sobre a localização subterrânea de elementos do sistema petrolífero, tais como rochas geradoras de hidrocarbonetos e rochas reservatório.

A interpretação do nível do mar pelo geólogo e paleontólogo britânico Professor Anthony Hallam baseia-se não só na estratigrafia sísmica, mas também em numerosas técnicas adicionais. Estas técnicas incluem a cartografia paleogeográfica e a hipsometria, grupos de invertebrados e de algas relacionados com a profundidade, concentração de glauconite, fosforitos, pedras de ferro oolíticas, anoxia oceânica, rácio de estrôncio da água do mar e correlação de fácies. As épocas de subida do nível do mar sobre a terra são marcadas por um excesso de carbonatos em relação aos siliclásticos (Hallam 1992). Na Conferência Internacional sobre Criacionismo de 2018, a descrição petrográfica de Hallam do arenito eólico (livro de Hallam de 1981 Facies interpretation and the stratigraphic record) foi usada para indicar que o arenito Coconino do Permiano não era eólico (Borsch et al. 2018).

Para estimar a profundidade do nível do mar, Hallam utilizou observações à escala regional de secções geológicas expostas, incluindo fácies sedimentares e fósseis (juntamente com estimativas das áreas de interiores continentais inundados). Hallam utilizou uma vasta gama de indicadores de profundidade específicos. Estes incluem a distribuição dos principais grupos de invertebrados e algas fossilizáveis; ambientes marinhos marginais caracterizados por uma diversidade reduzida em comparação com ambientes totalmente marinhos; interpretação de ambientes e fácies marinhos continentais e marginais (depósitos aluviais, eólicos, lacustres, glaciares, deltaicos e de planícies costeiras); ocorrência recente de fosforitos a profundidades de algumas centenas de metros a 400 metros do equador; leitos vermelhos continentais contendo evaporitos; deposição pelágica contínua e anóxia marinha generalizada; e valores mais elevados de isótopos de carbono em organismos calcários marinhos e matéria orgânica (Hallam 1992).

O pico mais elevado do nível do mar de primeira ordem de Hallam situa-se no Ordovícico. Este facto é consistente com o pico de dominância de carbonatos marinhos que ocorre durante o Grande Banco Americano de Carbonatos e não tem rival no Fanerozoico da América do Norte. Mais de 80% dos pacotes de rochas sedimentares do Cambriano Superior e do Ordoviciano Inferior são carbonatos marinhos.

O segundo pico mais alto do nível do mar de primeira ordem do Fanerozoico é inferido como sendo no Cretáceo. Isto é consistente com o facto de o Cretáceo ter sido uma época de inundação de partes baixas de áreas cratónicas estáveis do mundo, mas sem cobrir completamente os continentes. Isto ocorreu durante uma época de expansão do fundo do mar, em que as cristas meso-oceânicas expandidas a quente deslocaram a água para terra, formando vias marítimas interiores, como a Via Marítima Interior Ocidental na América do Norte, o Mar de Eromanga na Austrália, as vias marítimas interiores trans-asiáticas e trans-africanas.

Na fronteira entre o Paleozoico e o Mesozoico, infere-se uma acentuada baixa do nível do mar de primeira ordem. Este facto é consistente com um grande volume de literatura que fornece provas de uma época de secagem generalizada, pelo menos desde o Permiano e Triásico posteriores, particularmente em locais do interior do continente.

Utilizo os termos recuo primário (ou de primeira ordem) das águas e transgressão marinha primária (ou de primeira ordem). Isto porque a curva global de primeira ordem do nível do mar pode ser sobreposta por efeitos tectónicos menos extensos em termos de área em várias áreas regionais, dando origem a alterações secundárias e de ordem superior e de maior frequência do nível do mar. Os ciclos de ordem mais elevada do nível do mar podem estar relacionados com causas mais regionais ou locais, incluindo eventos orogénicos (construção de montanhas) e tectónicos (elevação, downwarp e empuxo), enchimento de bacias à medida que os sedimentos eram erodidos das elevações, tempo e taxas de movimentos das placas, taxas de crescimento das cristas meso-oceânicas e subsidência das cristas meso-oceânicas. Os leitos de arenito lateralmente extensos no Paleozoico tardio e Mesozoico da América do Norte podem ser relacionados com o escoamento energético à medida que as montanhas foram construídas durante a Orogenia de Sonoma do Paleozoico tardio e a Orogenia de Alleghanian, e o rifting mesozóico das orogenias do Oceano Atlântico e da Cordilheira (Dickinson et al. 1983). Cada um dos continentes actuais pode ter tido um tectonismo regional distinto e associado a alterações de ordem superior do nível do mar. A regressão marinha regional do Devónico inicial da América do Norte oriental e da Europa é um exemplo de uma alteração do nível do mar de ordem superior associada à orogenia Acadiana.

As unidades mais pequenas delimitadas por inconformidades incluem os "ciclotemas" do Carbonífero que têm sido referidos como ciclos de quarta ordem do nível do mar (Ross e Ross 1987).

APÊNDICE C
AS MEGASEQUÊNCIAS REFLECTEM O TECTONISMO REGIONAL

Felicito o Dr. Tim Clarey e colaboradores pela recolha de dados sobre as dimensões, especialmente os volumes (a partir das extensões e espessuras das áreas cartografadas), das megassequências em todo o mundo. No entanto, discordo respeitosamente da afirmação de que a extensão lateral, o volume e a espessura das megassequências podem indicar a altura do nível do mar (Clarey e Werner 2018).

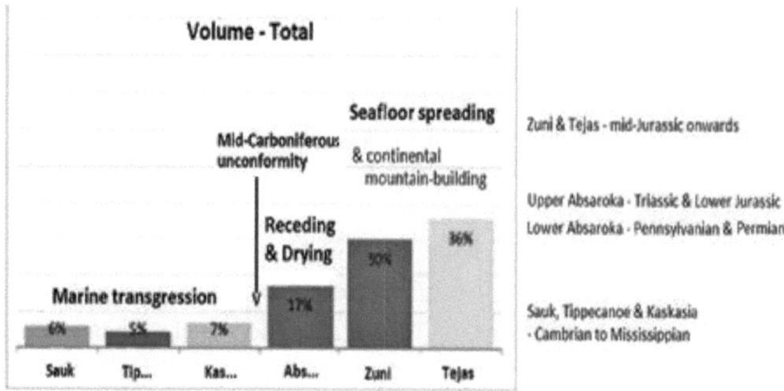

Figura 21. Gráfico do volume percentual de cada megassequência em cinco continentes do mundo. Os mapas e gráficos mostram que a Ásia segue os mesmos padrões gerais que a América do Norte e do Sul, África e Europa (Clarey 2022). Foram acrescentadas as fases-chave inferidas do Dilúvio de Noé e das suas consequências, juntamente com a gama estratigráfica das megassequências agrupadas.

Tectonismo regional e volumes sedimentares mais elevados

Penso que o tectonismo regional (juntamente com os indicadores não marinhos e marinhos das próprias formações) deve ser tido em conta. As maiores dimensões, especialmente das três megassequências posteriores, estão associadas a épocas de maior tectonismo regional, numa altura de propagação do fundo do mar, juntamente com a construção de montanhas em margens continentais activas. Com um maior relevo topográfico devido ao tectonismo (como a construção de montanhas), e com a chuva, maior é o escoamento erosivo e maior o volume e a espessura dos sedimentos depositados. Seguem-se alguns exemplos (coerentes com a Fig. 21):

• África - A partir do Jurássico (megassequências de Zuni e Tejas), o Gondwana sofreu um rifte que deu origem à placa africana tal como a conhecemos atualmente, sendo a maior parte da atividade tectónica controlada pela extensão e atividade de hotspot (Dirks et al. 2003). Numa primeira aproximação, África tem experimentado um único ciclo de erosão de longa duração desde o início do Jurássico (Burke e Gunnell 2008).

- América do Sul - A partir do Jurássico (megasequências de Zuni e Tejas), a atividade tectónica foi causada pela rutura do Gondwana.

As bacias intracratónicas receberam enchimento lítico derivado de relevos recentemente formados (construção de montanhas como os Andes) (Mabesoon et al.

1981).

- América do Norte - A partir do Jurássico (início da megassequência Zuni), a desagregação da Pangeia estava em curso (incluindo a abertura do Oceano Atlântico) juntamente com a construção das montanhas da Cordilheira (Dickinson 2004). Os carbonatos marinhos dominaram as três primeiras megassequências (até meados do Carbonífero), mas a partir de meados de Absaroka, os clásticos dominaram (Peters 2006).

Nota: Os estratos sedimentares neoproterozóicos na margem ocidental da América do Norte podem ter uma espessura da ordem dos 10 km (Dickens e Hutchison 2021b). Estes estratos são um bom indicador da enorme erosão e peneplanação do supercontinente, mais do que um indicador do elevado nível do mar nessa altura.

- Europa - Este continente tem uma história tectónica e sedimentar complexa. A megassequência Kaskasia está associada à cintura de dobras Variscan. A megassequência de Absaroka está associada ao início da divisão da Pangeia e à formação de novas fendas e ao seu preenchimento. As megassequências Zuni e Tejas estão associadas à zona de transtensão entre a Europa e a África desde o Jurássico, quando o Oceano Atlântico se abriu (Plant et al. 2005).

- Ásia - As três primeiras megassequências (até meados do Carbonífero) podem representar mares pouco profundos, enquanto as três últimas megassequências têm um volume elevado (Clarey 2022) numa altura de deriva continental e escoamento de detritos das montanhas continentais. O Tejas tem o maior volume devido ao escoamento das montanhas dos Himalaias (Clarey 2022) que surgiram quando a Índia colidiu com a Ásia.

"A configuração tectónica é o principal fator de controlo da litologia, química e preservação das acumulações de sedimentos nos seus depocentros, as bacias sedimentares." (Veizer e Mackenzie 2014, p. 402).

A preservação do registo sedimentar é uma função da configuração tectónica, com os sedimentos da crosta continental a sobreviverem até ao Pré-câmbrico, enquanto o registo contínuo dos sedimentos das margens passivas começa há 250 milhões de anos (Triásico) e o dos sedimentos do fundo oceânico há 100 milhões de anos (Cretácico Médio). Durante o período de expansão dos fundos marinhos/deriva continental, foi acrescentada uma massa significativa nas margens passivas (cunhas sedimentares afuniladas para o mar, dissecadas por falhas), bem como no fundo oceânico (Veizer e Mackenzie 2014) (Fig. 22).

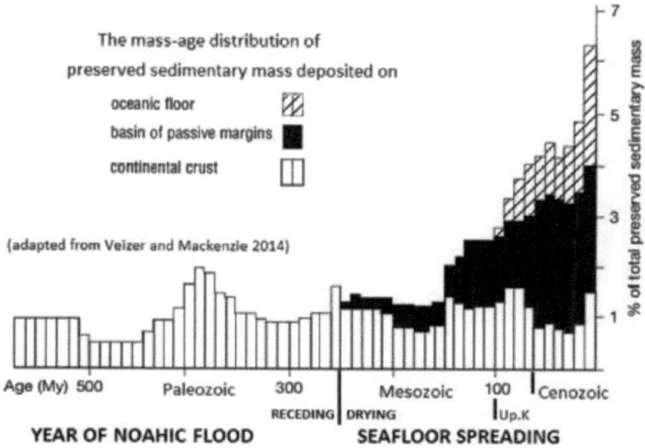

Figura 22. A distribuição da idade da massa sedimentar preservada para o Fanerozoico (gráfico segundo Veizer e Mackenzie 2014), com o recuo inferido das águas do Dilúvio de Noé, levando à expansão do fundo do mar.

Deduzo que a fragmentação inicial do supercontinente ocorreu no Neoproterozóico, mas a abertura dos oceanos actuais foi mais tarde - no Mesozoico e no Cenozoico.

Volumes mais baixos com transgressão marinha

• Menor volume das megassequências anteriores (por exemplo, Sauk, Tippecanoe) devido à topografia de relevo mais baixo e menor escoamento durante a transgressão marinha (após a peneplanação neoproterozóica, por exemplo, Grande Inconformidade).

• Durante a transgressão marinha, como no Cambriano, a linha costeira desloca-se para terra e a área marinha aumenta. Com a transgressão sobre as linhas costeiras, os sedimentos são geralmente finos e há um influxo *reduzido* de sedimentos para a bacia (Cattaneo e Steel 2003).

• Dickens e Hutchison (2021b) interpretaram a queda nos valores do rácio 87Sr/^{86} Sr do Cambriano Superior e do pós-cambriano como sendo causada pela inundação completa das superfícies terrestres e pelo fim do impacto erosivo continental direto da chuva na terra. Anteriormente, o aumento do rácio neoproterozóico^{87} Sr/^{86} Sr estava associado à erosão continental global (Peters e Gaines 2012).

Inconformidade do Carbonífero Médio (topo-Kaskasia)

Em todo o mundo existe uma inconformidade do Carbónico Médio (entre o calcário marinho do Mississipiano e os estratos mais não marinhos do Pensilvaniano), o que indica uma regressão marinha (Saunders e Ramsbottom 1986). O calcário Redwall do Mississippiano no Grand Canyon é notável pelas suas caraterísticas cársicas, incluindo grutas, e isto é um indicador de água da chuva em calcário exposto, e também de regressão (recuo do nível do mar).

Indicadores de secagem na megasequência de Absaroka

Extensivamente documentado na literatura geocientífica está o ponto de vista de que houve um período de secagem indicado pelo menos no Permiano posterior e particularmente nos estratos Triássicos, particularmente em locais do interior do continente. As evidências foram descritas neste trabalho. No entanto, estas evidências parecem ter sido negligenciadas ou descontadas na literatura criacionista da Terra jovem existente, talvez devido a diferentes preconceitos do modelo do fim do Dilúvio.

APÊNDICE D

O modelo geohistórico, que incorpora o recuo das águas do Dilúvio de Noé, desencadeou a propagação do fundo do mar

ETAPA	PROCESSOS	PRODUTOS (Geologia)
Pleistoceno **G. Idade do Gelo**	Forte evaporação de águas oceânicas aquecidas águas, e aerossóis vulcânicos, provocam camadas de gelo continentais e a descida do nível do mar.	Desfiladeiros submarinos no continente prateleiras.
Triássico inicial a Terciário **F. Fundo do mar difusão**	Espalhamento do fundo do mar e abertura de os oceanos actuais a um ritmo modesto. Cristas meso-oceânicas expandidas a quente - água deslocados para os continentes para formar vias marítimas (não um oceano que cobre o globo). Construção de montanhas em continentes activos margens e sequências sedimentares espessas depositados a partir de fontes principalmente não marinhas escoamento de detritos. Episódios de enterramento, fossilização e formação de novas jazidas de carvão.	Sedimentos de margem passiva (pouco deformação) acima da rutura inconformidades em meias-grabens. Sedimentos marinhos de vias marítimas interiores em continentes (ex.: Cretáceo Ocidental Bacia interior). Carvões com baixo teor de enxofre indicam água doce. Primeiro aparecimento de plantas terrestres no Triásico fósseis de vertebrados, como os dinossauros.
Triássico **E. Generalizada** **secagem**	Aumento da ocorrência de espécies não marinhas ambientes. A água que recuou para o manto superior desce temperatura de fusão do silicato e viscosidade, aumentando a convecção do manto e permitindo que a propagação do fundo do mar em curso.	Calcrete, gesso, anidrite, laterite, bauxite, leitos vermelhos, lacustres e aluviais depósitos. Lacuna carbonífera e depois predomínio da flora carbonífera mais adaptados a condições mais secas. (Saída da arca).
Paleozoico tardio **D. Primário** **recuo** **águas**	A regressão do sector primário marinho acelera com fluxos de massa energéticos para fora dos continentes (e não uma "Idade do Gelo" do Paleozoico tardio). A vegetação pré-inundada chega ao solo e enterrados em grabens. O nível do mar desce para o extremo generalizado Baixa do Permiano, redução do mar pouco profundo habitats e a extinção de espécies marinhas invertebrados. Fontes fechadas, frescas. Subsidência e forma de grabens.	Mundialmente Médio-Carbonífero inconformidade. Diamictite (fluxo de massa depósitos) com depósitos do Carbonífero e medidas de carvão do Permiano em grabens. Estão a decorrer algumas deposições não marinhas, como os sistemas fluviais e os lagos. Leitos vermelhos devonianos numa área regional.
Paleozoico inicial **C. Transgressão** **marinha**	A vegetação flutua com a subida das águas. Transgressão marinha máxima que se seguiu para o continente. 40 dias e chuva nocturna.	Ausência global de carvão do Paleozoico Inicial medidas. Camadas sedimentares marinhas sobre supercontinente peneplanado (Grande

		Inconformidade).
Neoproterozóico **B. Topográfico** **destruição**	Imensos fluxos de água e ferozes erosão e peneplanação, mesmo de rochas cristalinas do subsolo da supercontinente. Fluxos de massa. Vegetação retirada da terra. Lixagem completa de materiais terrestres vertebrados fora da arca.	Diamictitos criogénicos. Grande inconformidade. Ausência global de vertebrados terrestres fósseis esqueléticos como os dinossauros em Estratos paleozóicos.
Neoproterozóico **A.** **Fragmentação de** **supercontinentes**	As fontes de inundação rebentam e a água começa a correr.	Zonas hidrotermais regionais, por exemplo, a Zona de Falha de Darling.

I want morebooks!

Buy your books fast and straightforward online - at one of world's fastest growing online book stores! Environmentally sound due to Print-on-Demand technologies.

Buy your books online at
www.morebooks.shop

Compre os seus livros mais rápido e diretamente na internet, em uma das livrarias on-line com o maior crescimento no mundo! Produção que protege o meio ambiente através das tecnologias de impressão sob demanda.

Compre os seus livros on-line em
www.morebooks.shop

info@omniscriptum.com
www.omniscriptum.com

Printed by Books on Demand GmbH, Norderstedt / Germany